N° 515

CHAMBRE DES DÉPUTÉS

HUITIÈME LÉGISLATURE

SESSION EXTRAORDINAIRE DE 1902

Annexe au procès-verbal de la séance du 28 novembre 1902.

RAPPORT

FAIT

AU NOM DE LA COMMISSION CHARGÉE D'EXAMINER LE PROJET DE LOI

SUR L'EMPLOI DES

COMPOSÉS DU PLOMB

DANS LES TRAVAUX

DE LA

PEINTURE EN BATIMENTS

Par M. Jules-Louis BRETON

Député.

PARIS

IMPRIMERIE DE LA CHAMBRE DES DÉPUTÉS

MOTTEROZ

7, RUE SAINT-BENOIT

1902

N° 515

CHAMBRE DES DÉPUTÉS

HUITIÈME LÉGISLATURE

SESSION EXTRAORDINAIRE DE 1902

Annexe au procès-verbal de la séance du 28 novembre 1902.

RAPPORT

FAIT

AU NOM DE LA COMMISSION* CHARGÉE D'EXAMINER LE PROJET DE LOI *sur l'emploi des* **composés du plomb** *dans les travaux de la* **peinture en bâtiments,**

PAR M. JULES-LOUIS BRETON,

Député.

Messieurs,

Le projet de loi qui fait l'objet de ce rapport est le complément logique de la loi du 12 juin 1893 sur l'hygiène et la sécurité des travailleurs dans les établissements industriels, complément nécessaire pour sauvegarder la santé des ouvriers peintres en bâtiment contre les dangers que présente la manipulation journalière des produits à base de plomb et tout particulièrement de la céruse.

Le carbonate de plomb, vulgairement appelé « céruse » ou « blanc de céruse », et qui constitue la base des enduits et de presque toutes les peintures, est un poison extrêmement violent qui agit parfois rapidement, le plus souvent lentement, mais d'une façon continue, sur la santé des ouvriers peintres qui, par nécessité professionnelle, le manipulent journellement.

Cette action pernicieuse des sels de plomb sur l'organisme humain est connue depuis longtemps déjà, et il n'est pas inutile,

---

* Cette Commission est composée de MM. Émile Dubois, *président;* Petit, *secrétaire;* Jules-Louis-Breton, Lachaud, Bachimont, Paul Constans (Allier), Clovis Hugues (Seine), Meslier, Émile Chautemps (Haute-Savoie), Ballande, Empereur.

(Voir le n° 401.)

en commençant ce rapide exposé, de rappeler brièvement les différentes phases de la question du blanc de céruse, vieille de plus d'un siècle.

***

Dès la fin du XVIIIe siècle, le célèbre chimiste Guiton de Morveau, ayant constaté les terribles méfaits de cette substance, en réclamait le premier la suppression dans les travaux de peinture et son remplacement par l'oxyde de zinc ou blanc de zinc tout à fait inoffensif. Puis, tour à tour, Fourcroy, Berthollet, Vauquelin, le docteur Tanquerel des Planches, démontrèrent toute l'importance de la question et commencèrent la lutte contre le terrible poison.

Mais ce ne fut que bien plus tard, vers le milieu du siècle dernier, que les premières mesures de prohibition furent enfin prises par le Gouvernement, à la suite de l'admirable campagne courageusement menée par un philanthrope, Jean Leclaire, dont les ouvriers peintres reconnaissants célébraient, il y a quelques mois, la mémoire et inauguraient la statue qui sur leur initiative a été érigée au square des Epinettes.

Simple ouvrier peintre au début, puis directeur d'une importante maison de peinture qu'il avait su réaliser sur le principe de la participation aux bénéfices, Jean Leclaire entama une lutte vigoureuse contre le poison qui faisait tant de ravages parmi les travailleurs de sa corporation; il sut démontrer pratiquement la possibilité de la suppression totale de la céruse dans les travaux de peinture, suppresion qui, même au point de vue technique, présente de nombreux avantages. D'ailleurs, la maison créée par Jean Leclaire et qui est devenue une des plus grandes entreprises de peinture de Paris, n'a pas cessé un seul instant, depuis cette époque, d'employer exclusivement, dans les travaux qui lui sont confiés, l'oxyde de zinc, dont les grands avantages ont été amplement démontrés par cette longue pratique.

A la suite des remarquables travaux de Jean Leclaire, un arrêté du Ministre des Travaux publics (1) — qui était alors M. Lacrosse, — arrêté daté du 24 août 1849, déclarait, dans son article unique, qu'« à l'avenir le blanc de zinc serait exclusivement employé dans les travaux de peinture à l'huile exécutés dans les bâtiments de l'État par les ordres du Ministre des Travaux publics ».

Puis, la question fut soumise à la Commission d'architecture du département de la Seine qui, dans son rapport (2) en date du 18 juin 1850, affirmait que « la peinture au blanc de zinc, dont les avantages pour

(1) Voir annexe 1.
(2) Voir annexe 3.

la santé des ouvriers ont été déclarés considérables par les hommes spéciaux, étant plus économique, plus durable que celle de la céruse, il y avait lieu d'inviter les architectes de la Ville à l'adopter dans les travaux qu'ils dirigeaient ».

A son tour, le Ministre de la Marine soumettait la question à une Commission spéciale qui, après de nombreuses expériences pratiques, parvenait aux mêmes conclusions et reconnaissait, dans son rapport (1) du 19 août 1850, que « le blanc de zinc pouvait, sous les rapports de couleur, de prix et de durée, être substitué avec avantages à la céruse. »

C'est à la suite de ces expériences concluantes que le Ministre de l'Intérieur, à cette époque M. de Persigny, adressait aux préfets, en février 1852, une circulaire (2) les invitant à prescrire l'emploi du blanc de zinc au lieu et place de la céruse dans les travaux de peinture effectués dans les bâtiments départementaux, et de transmettre ces mêmes recommandations aux maires des communes de leur département pour les établissements communaux.

La question en resta là durant de longues années et, peu à peu, l'arrêté du Ministre des Travaux publics et la circulaire du Ministre de l'Intérieur furent oubliés et leurs prescriptions tombèrent en désuétude.

Nous avons tenu à rappeler ces précédents pour bien établir que la question de la céruse soulevée de nouveau durant ces dernières années n'est pas nouvelle et qu'elle ne cache aucune arrière-pensée politique, comme certains l'ont prétendu.

Dans ces temps derniers et comme résultat direct de l'organisation syndicale des ouvriers peintres, la campagne contre le blanc de céruse fut reprise par ces intéressants travailleurs qui puisaient une force nouvelle dans cette organisation syndicale et qui rencontrèrent dans leur propre corporation un homme dévoué et courageux, M. Abel Craissac, lequel avec une énergie et une persévérance vraiment méritoires prit vigoureusement en main la cause de ses camarades de travail.

Le résultat de cette campagne ouvrière ne se fit pas longtemps attendre et, le 20 février 1901, M. le Sous-Secrétaire d'État des Postes et des Télégraphes prenait une excellente initiative en interdisant par une circulaire (3) l'emploi de la céruse dans les travaux de peinture

(1) Voir annexe 14.
(2) Voir annexe 2.
(3) Voir annexe 3.

effectués pour le compte de son administration, et son remplacement par des couleurs à base d'oxyde de zinc.

Puis, sur l'invitation de M. le Président du Conseil, la question fut de nouveau soumise par M. le Ministre de l'Instruction publique et des Beaux-Arts au Conseil général des bâtiments civils qui, dans sa séance du 27 février 1900, sur le rapport de M. Moyaux (1), émettait un avis absolument favorable à la suppression des peintures à base de céruse pour les travaux intérieurs. Il faut toutefois reconnaître qu'en ce qui concerne les travaux extérieurs, le même conseil faisait certaines réserves sur la durée des peintures à base d'oxyde de zinc.

Quoi qu'il en soit, le rapport de M. Moyaux était en tous points favorable à la prohibition complète de la céruse; en voici les conclusions :

« Les résultats sont incomparablement meilleurs à l'intérieur parce que la peinture, comme nous l'avons déjà dit, reste fraîche, tandis que la peinture à la céruse jaunit en très peu de temps.

« Quant au prix de revient, il est le même dans les deux cas, quoique le blanc de zinc coûte, au poids, encore plus cher que le blanc de plomb; mais celui-ci pesant plus pour le même volume, le travail fait ne revient pas plus cher avec l'emploi du blanc de zinc.

« En résumé, tout milite plutôt en faveur du blanc de zinc, et c'est si vrai que les fabricants de blanc de céruse viennent de diminuer le prix de leur produit. Mais quand on ne devrait au blanc de zinc que d'éviter l'empoisonnement des ouvriers peintres et de leurs enfants, on doit engager à proscrire la céruse dans les travaux de peinture, en coûtât-il un peu plus; tel est l'avis de votre rapporteur. »

Le comité consultatif d'hygiène de France consulté à son tour par M. le Président du Conseil, émettait dans sa séance du 4 mars 1901, sur le rapport de M. Ogier (2), des conclusious tout aussi favorables.

C'est alors que successivement M. le Ministre du Commerce, M. le Ministre de la Marine et M. le Ministre des Travaux publics émirent des circulaires ou prirent des arrêtés (3) interdisant l'emploi de la céruse dans les travaux dépendant de leurs administrations.

Entre temps, plus de 900 municipalités interdirent par des arrêtés fortement motivés l'emploi de la céruse dans les travaux de peinture effectués dans les bâtiments communaux.

---

(1) Voir annexe 17.

(2) Voir annexe 18.

(3) Voir annexe 4 et 15.

***

Tel était exactement l'état de la question, le 4 juillet 1901, au moment où la Chambre en fut saisie pour la première fois par le dépôt de l'interpellation de MM. J.-L. Breton, E. Dubois et Levraud: « sur les mesures que compte prendre le Gouvernement pour supprimer l'emploi du blanc de céruse dans les travaux publics ».

On était à ce moment à la veille des vacances parlementaires et, malgré le tour de faveur que la Chambre voulut bien accorder à cette interpellation, la discussion en fut forcément ajournée; néanmoins M. Waldeck-Rousseau, président du Conseil voulut bien profiter de l'occasion pour informer la Chambre qu'il avait déjà préparé une circulaire adressée aux préfets et visant les travaux communaux et départementaux.

Cette circulaire (1), qui rappelait les termes de celle envoyée 50 ans auparavant par M. de Persigny, alors Ministre de l'Intérieur, et qui en reproduisait les conclusions, fut en effet émise par M. le Président du Conseil quelques jours après, le 11 juillet 1901.

Le 21 octobre suivant, M. le Ministre de la Guerre interdisait par une circulaire (2) envoyée aux généraux commandants de corps d'armée l'usage des enduits et des peintures à base de céruse dans les bâtiments dépendant de son Ministère.

Enfin, le 30 novembre 1901, M. le Ministre de l'Instruction publique et des Beaux-Arts émettait une circulaire (3) dans le même sens.

La question, en ce qui concernait les travaux publics, se trouvait donc presque complètement résolue. Il ne restait plus aux Ministres qui avaient pris de si heureuses initiatives qu'à veiller soigneusement à l'exécution stricte des ordres qu'ils avaient donnés. Il ne suffit pas, en effet, de prendre des arrêtés ou d'émettre d'excellentes circulaires, il faut encore savoir les faire rigoureusement respecter.

Il n'en fut malheureusement pas toujours ainsi et nous rappellerons notamment que les ordres du Ministre de la Marine furent cyniquement violés à tel point que les rapports qui lui furent présentés mentionnaient et détaillaient les nombreux travaux de peinture exécutés au blanc de céruse. C'est ainsi que le rapport du comité d'examen des comptes des travaux de la marine, inséré au *Journal officiel* du 22 juillet dernier, exposait en détail des travaux de peinture à base de céruse.

---

(1) Voir annexe 5.

(2) Voir annexe 6.

(3) Voir annexe 7.

En outre, plusieurs adjudications très importantes de céruse furent opérées pour le compte des Ministères des Travaux publics, de la Marine et de la Guerre, ce qui ne témoignait pas d'un bien grand respect pour les résolutions de ces Ministres.

C'est pour demander que de telles violations de décrets si importants pour la santé des ouvriers ne se reproduisent plus et pour réclamer l'extension de l'interdiction aux travaux particuliers que MM. J.-L. Breton, E. Dubois et Levraud reprirent leur interpellation et la développèrent à la séance du 4 février 1902. Nous en verrons plus loin les résultats.

Mais voyons d'abord si l'interdiction de l'usage de la céruse dans les travaux publics pouvait être considérée comme suffisante et si la gravité du mal ne justifiait pas d'autres mesures plus énergiques et plus radicales.

***

Dans un très remarquable ouvrage intitulé *les Poisons industriels* et publié par le Ministère du Commerce sous la haute direction de l'éminent directeur du travail, M. Arthur Fontaine, nous trouvons, à ce sujet, les renseignements officiels les plus précis. Le plomb et ses composés se trouvent cités au premier rang des poisons industriels, et il est démontré avec documents à l'appui que ce sont les plus terribles et que si d'autres substances comme les sels de mercure, jouissent dans l'opinion vulgaire d'une plus mauvaise réputation, ce n'en est pas moins les sels de plomb qui font dans l'industrie le plus de victimes.

Il est vrai que les applications industrielles du plomb et de ses composés sont extrêmement nombreuses et que beaucoup de professions exposent les travailleurs au saturnisme. Mais dans de nombreuses industries il est possible et même relativement facile de prendre des précautions qui réduisent considérablement les accidents plombiques; une réglementation sérieuse et sévère peut suffire dans bien des cas.

C'est ainsi que même dans les usines de céruse, qui nous intéressent plus spécialement puisque c'est ce poison qui est visé par le projet de loi que nous étudions, on a pu, en évitant soigneusement la production de poussières, en facilitant l'élimination de celles qui, malgré les précautions prises, se produisent forcément, en remplaçant dans de nombreuses circonstances le travail manuel par le travail mécanique, enfin en adoptant tout un système d'hygiène pour les travailleurs, on a pu réduire dans de fortes proportions les cas d'intoxication saturnine.

Malheureusement ces précautions salutaires ne peuvent pas être prises lorsqu'il s'agit de l'application de cette céruse aux travaux de peinture. La seule modification efficace qui ait pu être faite en ce cas c'est le remplacement, qui maintenant d'ailleurs est presque complet, de la céruse en poudre par une pâte de céruse préparée directement à l'usine par le mélange intime de la poudre de céruse et d'huiles de lin, d'œillette et de pavot.

Mais cette mesure est malheureusement tout à fait insuffisante et, malgré sa généralisation, la céruse continue ses ravages et chaque jour de nombreux travailleurs sont cruellement frappés dans leur santé et même dans la santé de leur famille.

Certaines opérations comme le ponçage et le grattage sont particulièrement meurtrières, parce qu'elles disséminent dans l'atmosphère des poussières vénéneuses qui sont fatalement absorbées en partie par les ouvriers qui se livrent à ces travaux.

D'ailleurs, l'ouvrier peintre n'est pas le seul qui soit susceptible de ressentir les effets du poison ainsi mis en suspension dans l'air; tous ceux qui se trouvent, même momentanément à proximité, peuvent en souffrir.

Nous pourrions citer notamment le cas d'un de nos collègues, qui fut frappé de terribles coliques de plomb simplement pour s'être trouvé durant quelques instants dans le voisinage d'un ouvrier peintre au travail. Il fut de plus, témoin de nombreux accidents du même genre.

Malgré tous ces faits scientifiquement démontrés et par suite d'une routine ridicule, nous vivons tous au milieu de surfaces enduites d'un poison violent qui fréquemment, et sans que nous puissions nous rendre compte de la cause de notre malaise, agit pernicieusement sur notre organisme.

C'est surtout par les voies respiratoires et digestives que le carbonate de plomb s'introduit dans l'organisme, mais il peut également pénétrer par la peau, surtout si celle-ci présente quelques légères éraflures, comme cela se produit forcément chez les ouvriers enduiseurs, qui dans leur travail prennent avec un couteau spécial le mastic de céruse constamment appliqué contre la paume de la main.

Parfois l'action de la céruse sur l'organisme est rapide et se manisfeste par des troubles immédiats; mais, dans la plupart des cas, l'absorption se fait lentement et journellement, son action est lente et, lorsque l'ouvrier se ressent des premières atteintes du mal, il est déjà terriblement rongé par la maladie.

Le plus souvent, l'empoisonnement se manifeste par d'effroyables coliques appelées vulgairement coliques de plomb. Dans une très intéressante conférence (1) l'éminent docteur Laborde, de l'Académie de médecine, décrivait les horribles souffrances provoquées par ces coliques de plomb et ajoutait ces sages réflexions :

« Quand on songe que ces horribles souffrances sur lesquelles il y avait lieu d'insister, à ce point de vue, qui suffirait pour justifier la prohibition du poison qui les provoque ; quand on songe qu'elles sont le résultat fatal, inévitable du travail professionnel obligatoire pour l'ouvrier, puisqu'il est son gagne-pain, n'est-on pas autorisé, je le demande, à faire peser, de tout son poids, la responsabilité sociale et gouvernementale sur ceux qui l'assument, en laissant se perpétuer, avec une indifférence d'autant plus coupable qu'elle devrait céder à la pitié, de pareilles situations ? »

Mais ces épouvantables souffrances ne sont que le commencement du mal, qui ne tarde pas à se traduire par une paralysie locale des muscles extenseurs de l'avant-bras, qui donne aux mains des travailleurs atteints de saturnisme l'aspect de griffes ; l'impossibilité d'étendre les doigts constitue pour la plupart de ces victimes de la céruse une véritable incapacité professionnelle.

Puis c'est pour le travailleur qui continue à absorber ce terrible poison la paralysie générale, l'épilepsie, la folie et bientôt la mort.

L'action irritante de la poussière de céruse sur les poumons prépare, de plus, admirablement le terrain pour le développement de l'épouvantable tubercule qui frappe 20 0/0 au moins des victimes de la céruse.

D'autre part, on déplore souvent la dépopulation : l'empoisonnement par le plomb en est une des nombreuses causes, comme nous en trouvons la preuve dans les statistiques suivantes que nous puisons dans l'ouvrage déjà cité : *Les poisons industriels.*

Nous y voyons en effet que sur 123 grossesses, le père et la mère étant saturnins, Constantin Paul a pu constater 64 avortements, 4 accouchements prématurés, 5 mort-nés, 20 décès de la première année. D'autre part, sur 43 grossesses survenues à des femmes intoxiquées par le plomb, il a noté 32 fausses couches, 3 mort-nés, 2 enfants vivants mais très chétifs. Enfin, sur 1.000 grossesses, chez des femmes travaillant le plomb, Tardieu accuse 609 avortements.

L'intoxication du fœtus par hérédité a lieu également lorsque le père seul est saturnin, bien que la présence du plomb dans le corps du fœtus n'ait été constatée que rarement. Ainsi, sur 141 grossesses

(1) Voir annexe 16.

survenues dans ces conditions, Constantin Paul a compté 82 avortements, 4 naissances avant terme, 5 mort-nés; et sur les 50 enfants vivants, 20 sont morts dans le courant de la première année et 15 autres de un à trois ans.

Ces chiffres, comme vous le voyez, sont terriblement éloquents; ils se complètent du reste par la statistique suivante que nous empruntons encore au docteur Laborde : à Paris, sur 30.000 ouvriers peintres, il faut compter plus de 1.500 saturnins, plus ou moins infirmes et professionnellement incapables, et un chiffre de mortalité qui s'élève à 150 victimes tuées par la céruse. C'est assez dire l'importance de la question.

Quel est donc le remède qu'il est nécessaire, indispensable d'apporter à un si lamentable état de choses? Il n'en est qu'un réellement efficace et indiqué par tous les hommes compétents qui se sont occupés du problème ainsi posé devant l'humanité.

Ici encore nous cédons la parole au savant docteur Laborde qui possède une compétence toute particulière en cette matière et lutte depuis longtemps avec une énergie et un courage admirables contre les poisons qui, comme l'alcool et la céruse, sont les principaux facteurs de la dégénérescense de l'espèce humaine :

« Tel est le tableau de l'empoisonnement professionnel; il n'en est pas, et nous n'en connaissons pas de plus noir, de plus triste, de plus lamentable dans le domaine des infirmités humaines imméritées.

« Y a-t-il un remède à ce mal implacable; remède préventif, palliatif ou curatif ?

« Je réponds hardiment, formellement : non, trois fois non !

« Ou plutôt il n'y en a qu'un, un seul, le remède radical, inévitable :

« La condamnation sans appel, la prohibition du poison, comme mesure de salut public et professionnel;

« Mesure d'autant plus justifiée, qu'à part la gravité primordiale, l'irrémédiable fatalité des accidents, la substance fondamentalement toxique, nocive de sa nature, peut être remplacée, dans l'emploi professionnel, par un produit non seulement doué de la qualité première, essentielle, avant tout la plus désirable, l'absence de toute nocuité, de tout danger pour l'organisme; mais de plus, possédant de réels avantages démontrés par une pratique qui date déjà d'un demi-siècle, et par des expériences comparatives suffisamment renouvelées pour permettre et laisser subsister à cet égard, le moindre doute, en dehors de la routine ou du parti pris stérilisants. »

C'est à une conclusion identique qu'est arrivée, après une étude approfondie, la Commission d'hygiène publique nommée par la dernière législature et qui avait été saisie de la question par son président M. Dubois.

La Chambre elle-même a nettement formulé son avis en votant à l'*unanimité moins une voix* l'ordre du jour présenté par MM. J.-L. Breton, E. Dubois et Levraud à la suite de leur interpellation dont il a été question plus haut.

Voici cet ordre du jour :

« La Chambre, comptant sur le Gouvernement pour rendre, conformément à la loi du 12 juin 1893 concernant l'hygiène et la sécurité des travailleurs, un règlement d'administration publique visant l'emploi de la céruse dans les travaux de peinture, passe à l'ordre du jour. »

La Chambre ayant si nettement manifesté son opinion on pouvait croire la question définitivement résolue et bientôt tranchée par le règlement d'administration qu'elle réclamait.

Nous l'avons vu plus haut, cette prohibition salutaire d'un des plus redoutables poisons industriels était chose faite pour tous les travaux dépendant de l'État, des départements et des communes; mais ce n'était là qu'une partie infime du problème et il était indispensable, comme le réclamait formellement l'ordre du jour voté par la Chambre, d'étendre cette mesure humanitaire à tous les travaux particuliers.

La loi du 12 juin 1893, concernant l'hygiène et la sécurité des travailleurs, donnait pour cela pleins pouvoirs au Ministre du Commerce.

L'article 3 de cette loi dit, en effet :

« Des règlements d'administration publique rendus après avis du Comité consultatif des arts et manufactures détermineront :

« 1° Dans les trois mois de la promulgation de la présente loi, les mesures de protection... » — Cette clause ne concerne pas la question.

« 2° Au fur et à mesure des nécessités constatées, les prescriptions particulières relatives soit à certaines industries, soit à certains modes de travail. »

M. Millerand, Ministre du Commerce, n'avait d'ailleurs pas attendu le vote de la Chambre pour prendre cette excellente initiative, et déjà il avait chargé la Commission d'hygiène industrielle d'élaborer un projet de réglementation de l'emploi du blanc de céruse dans les travaux de peinture.

Le projet de décret (1) élaboré par la Commission d'hygiène industrielle, le 21 mars 1901, était aussi net et précis que possible comme le montre l'article premier que voici : « L'emploi de la céruse est interdit dans l'industrie de la peinture en bâtiment. »

L'article 2 concernait à titre transitoire la réglementation des travaux de grattage et de ponçage des anciens fonds de peinture à base de plomb. L'article 3, imposait aux chefs d'industrie, directeurs ou gérants, l'obligation de l'affichage du décret dans leurs ateliers. Enfin l'article 4, n'accordait qu'un délai de 6 mois pour la mise en application de l'article premier.

Ce projet était parfait et solutionnait d'une manière complète la grave question qui nous occupe ; mais le Comité consultatif des arts et manufactures qui fut ensuite consulté, comme le veut la loi du 12 juin 1893, le transformait complètement et substituait à l'interdiction formelle admise par la Commission d'hygiène industrielle une clause ne prohibant que l'usage de la céruse en poudre et autorisant l'emploi de la pâte de céruse évidemment beaucoup moins dangereuse mais néanmoins bien nuisible pour la santé des ouvriers.

Toutefois, nous trouvons dans le texte élaboré par le Comité consultatif des arts et manufactures (2) l'interdiction du grattage et du ponçage à sec des peintures à base de céruse, opérations particulièrement meurtrières.

Le Ministre du Commerce adopta en partie le texte du Comité consultatif des arts et manufactures, mais y ajouta, comme le demandait la Commission d'hygiène industrielle, des clauses concernant l'interdiction immédiate de l'emploi de la céruse et de l'huile de lin lithargirée dans tous les travaux d'impression, de rebouchage et d'enduisage et l'extension de cette prohibition dans un délai de trois années à tous les travaux de peinture effectués à l'intérieur des bâtiments.

C'est ce texte (3) qui fut soumis au Conseil d'État, lequel présenta des objections d'ordre juridique et déclara que l'introduction des clauses de prohibition dans le règlement d'administration publique n'était aucunement autorisé par les termes de la loi du 12 juin 1893 sur l'hygiène et la sécurité des travailleurs dans les établissements industriels.

En présence de cet avis, le Ministre du Commerce ne crut pas

(1) Voir annexe 8.
(2) Voir annexe 9.
(3) Voir annexe 10.

pouvoir maintenir l'interdiction d'employer la céruse dans certains travaux de peinture en bâtiment, et c'est le texte approuvé par le Comité consultatif des arts et manufacture et par le Conseil d'État qu'il soumit à l'approbation du Président de la République (1)

«Mais, ajouta-t-il dans son rapport au Président de la République(2), pour les raisons d'hygiène et de salubrité qui m'avaient déterminé à préparer le texte primitif de décret, je me réserve de vous demander ultérieurement de présenter au Parlement un projet de loi spécial visant l'interdiction écartée par le Conseil d'État.»

C'est ce projet qui vous est actuellement soumis et, comme le dit son exposé des motifs, il appartient maintenant au Parlement de compléter l'œuvre de salubrité commencée par le décret.

*
* *

Tel est l'historique de la question que vous êtes aujourd'hui appelés à trancher.

Votre Commission pense que le projet de loi qui vous est soumis par le Ministre du Commerce aurait pu être plus précis et plus rigoureux, et que notamment l'interdiction aurait pu, dès maintenant, s'étendre à tous les travaux de peinture faits à l'extérieur. Mais, afin de hâter le vote de cette loi si urgente, nous préférons l'accepter telle qu'elle et demander à la Chambre de la voter sans modifications.

Nous demanderons toutefois une légère adjonction si, comme nous en sommes certain, cette adjonction ne soulève aucune objection: nous croyons, utile d'ajouter à l'article 4, à la suite des mots : « après avis du Comité consultatif des arts et manufactures », les suivants : « et de la Commission d'hygiène industrielle ».

Nous pensons, en effet, que, lorsque le Ministre du Commerce accordera exceptionnellement l'autorisation de fairé usage de céruse pour certains travaux d'un caractère spécial, il devra en même temps prescrire toutes les précautions sanitaires nécessaires pour préserver dans la mesure du possible la santé des travailleurs qui y seront occupés.

Or, si le Comité consultatif des arts et manufactures est naturellement tout désigné pour juger au point de vue technique de la nature des travaux à effectuer, il n'est guère qualifié pour prescrire les mesures d'hygiène nécessaires. Ce sera, dans ce cas, le rôle de la Commission d'hygiène industrielle dont la compétence n'est pas contestable.

(1) Voir annexe 12.
(2) Voir annexe 11.

Pour tout le reste nous acceptons donc intégralement le projet du Gouvernement et nous nous contenterons de reproduire ici le commentaire de chaque article de l'exposé des motifs :

Article premier.

« L'article 1er définit le champ d'application de la loi. A la différence des autres industries qui s'exercent pour la plupart dans des établissements spéciaux bien définis, les travaux de peinture en bâtiment s'exécutent dans les lieux les plus divers et presque toujours en dehors de l'établissement du patron. Aussi a-t-on jugé nécessaire d'énumérer dans l'article 1er les lieux où s'exécutent le plus habituellement les travaux de peinture en bâtiment : ateliers, chantiers, bâtiments en construction ou en réparation. Cette énumération n'est pas d'ailleurs limitative, puisque l'article 1er ajoute que les dispositions prohibitives de la loi s'appliquent à tout *lieu de travail* où s'exécutent des travaux de peinture en bâtiment.

« Enfin l'article indique encore expressément que c'est aux chefs d'industrie, directeurs ou gérants qu'incombe l'observation des prescriptions déterminées par la loi sans préjudice des mesures auxquelles ils doivent satisfaire d'autre part, en vertu de la législation générale sur l'hygiène et la sécurité des travailleurs, et du décret du 18 juillet 1902 spécial à l'industrie de la peinture.

Art. 2.

« L'article 2 interdit l'emploi de la céruse et de l'huile de lin lithargirée dans les travaux d'impression, de rebouchage et d'enduisage.

« L'impression est la couche préparatoire qui est passée sur le subjectile, ou surface à peindre, avec de l'huile de lin, siccativée ou non, dans laquelle il a été délayée une petite quantité de blanc de céruse ou de blanc de zinc. Le danger de cette opération vient précisément de la fluidité du mélange ; au cours du travail il arrive souvent, surtout dans les travaux de corniches ou de plafonds, que des gouttelettes de liquide rejaillissent sur le visage et les mains des ouvriers. Si le mélange contient de la céruse on conçoit le danger auquel est exposé ce dernier.

« Le rebouchage est l'opération qui vient ensuite, et qui consiste à boucher les trous du subjectile avec du mastic ordinaire, ou blanc de Meudon, rendu siccatif par du blanc de zinc ou de plomb en petite quantité. Ce n'est que très rarement que l'ouvrier met le mastic sur un couteau palette pour le prendre avec un autre couteau. Le plus souvent il tient ce mastic dans la paume de la main ; d'où risque d'intoxication, sinon par la peau, du moins par les éraillures, crevasses ou écorchures qu'elle peut présenter.

« Enfin l'enduisage a pour but d'égaliser la surface à peindre en la revêtant d'un enduit fait avec le mastic précédent rendu plus clair par de l'huile de lin et de l'essence. Il est souvent supprimé dans les travaux ordinaires ou lorsqu'il a été fait un rebouchage soigné : l'enduit a une consistance épaisse ; l'ouvrier prend la matière dans son camion ou pot de peinture, avec une large palette (couteau à enduire), et l'étale en se servant d'un autre couteau, mais après l'avoir placé le plus souvent dans sa main : d'où nouvelle cause d'intoxication.

« Ce n'est qu'après ces opérations préliminaires, auxquelles viennent s'ajouter parfois des ponçages après chaque couche d'enduit, qu'intervint la peinture proprement dite. Celle-ci s'effectue avec un mélange d'huile et de blanc de zinc qui présente une certaine consistance et qui est toujours appliquée à l'aide de la brosse. Sans être inoffensive elle présente moins de dangers que les autres opérations qui ont l'inconvénient de mettre certaines parties du corps de l'ouvrier en contact direct avec les substances toxiques, et d'augmenter considérablement les risques d'empoisonnement.

« Il faut ajouter que dans toutes les opérations que nous venons d'énumérer, la substitution au blanc de céruse d'un produit inoffensif est toujours possible, et qu'elle est même déjà réalisée dans la pratique par un certain nombre d'entrepreneurs. La Chambre syndicale des entrepreneurs de peinture de Paris s'était d'ailleurs ralliée au texte ci-après, que reproduit à peu près exactement celui qui vous est proposé : « Le blanc de céruse sera prohibé pour les travaux d'impression, d'enduit et de couches préparatoires pouvant être poncées à sec. » (Rapport de M. Diolé, président, page 25, année 1901.)

« A l'interdiction d'employer la céruse dans les travaux d'impression, de rebouchage et d'enduit, on a joint celle d'employer de l'huile lithargirée, c'est-à-dire de l'huile de lin à laquelle on a ajouté, pour la rendre siccative, de la litharge ou oxyde de plomb. La litharge présente les mêmes dangers que la céruse et doit être proscrite au même titre, car elle peut également, et sans difficulté, être remplacée.

« Toutefois, l'interdiction de l'emploi de la céruse et de l'huile lithargirée n'entrera en vigueur qu'un an après la promulgation de la loi. Il convient en effet de laisser aux entrepreneurs le temps d'épuiser leurs approvisionnements et de prendre les mesures nécessaires pour modifier leurs procédés de travail actuels, et habituer leurs ouvriers à se servir des produits qui devront remplacer la céruse et la litharge.

« Il convient également de laisser se développer suffisamment la production des substances qui peuvent se substituer à l'emploi de la céruse.

Art. 3.

« L'article 3 porte que l'interdiction ci-dessus s'étendra, dans un délai de trois années, à tous les travaux de peinture en bâtiment de quelque nature que ce soit, c'est-à-dire aussi bien à la peinture proprement dite qu'aux opérations préliminaires que nous avons définies sous l'article précédent, lorsque ces travaux seront exécutés à l'intérieur des bâtiments.

« L'interdiction n'a pas été étendue aux travaux exécutés à l'extérieur. Des objections sérieuses ont été élevées contre cette extension par des techniciens autorisés. On affirme que la peinture au blanc de céruse serait difficilement remplaçable à l'extérieur. Sous l'influence du soleil, des variations de température et de l'humidité, qui se fait évidemment plus sentir à l'extérieur qu'à l'intérieur des bâtiments, l'huile de lin qui entre dans la composition de la peinture tendrait à s'altérer. La peinture à la céruse contenant une moindre quantité d'huile aurait une moindre tendance à s'écailler ou à fariner.

« Ces objections ont été présentées par les entrepreneurs de peinture dans l'enquête à laquelle a procédé le Comité consultatif des arts et manufactures. Elles avaient été relevées également dans l'enquête ouverte par M. le Ministre des Travaux publics en 1901 auprès des ingénieurs en chef des ponts et chaussées et dont les résultats sont consignés aux pièces annexes du projet. On y lira que sur 107 réponses, 73 sont favorables à l'emploi exclusif du blanc de zinc tant à l'intérieur qu'à l'extérieur, mais 32 objectent que d'après leurs expériences la peinture au blanc de zinc n'aurait point une solidité suffisante à l'extérieur.

« En l'état actuel de la question, il a paru prudent de limiter aux travaux de peinture exécutés à l'intérieur l'interdiction légale de l'emploi de la céruse et de l'huile de lin lithargirée. Il est bien entendu toutefois que l'interdiction est relative aux travaux d'impression, de rebouchage et d'enduisage à l'extérieur des bâtiments comme à l'intérieur.

« On peut prévoir que l'interdiction partielle de la céruse provoquera, soit de nouvelles expériences concluant à la possibilité de sa substitution à l'extérieur par un produit connu, soit même la découverte d'un produit nouveau utilisable à l'extérieur aussi bien qu'à l'intérieur. Nous estimons, dans ces conditions, qu'une délégation du pouvoir législatif pourrait sans inconvénient laisser à un règlement d'administration publique le soin d'édicter ultérieurement la prohibition de l'emploi de la céruse dans les travaux à l'extérieur; ce règlement rendu après avis du Comité consultatif des arts et manufactures et de la Commission d'hygiène industrielle présenterait toutes les garanties que l'industrie est en droit d'exiger.

« La même procédure devrait permettre, à notre avis, d'interdire l'emploi des autres composés du plomb dans l'industrie de la peinture en bâtiment.

Art. 4.

« Par contre, il faut sans doute prévoir que certaines nécessités industrielles se présenteront auxquelles il ne pourrait être donné satisfaction que par l'emploi tout a fait exceptionnel d'un composé plombique. Une prohibition sans réserve risquerait dès lors de dépasser le but poursuivi par le législateur. Il est prudent de réserver la possibilité d'autoriser dans certains cas, et sur avis, pour chacun de ces cas, du Comité consultatif des arts et manufactures, l'emploi de la céruse ou d'autres produits à base de plomb ».

Nous rappelons ici que nous demandons que la Commission d'hygiène industrielle soit également saisie de ces demandes d'autorisation afin d'indiquer, dans chaque cas particulier, les précautions hygiéniques nécessaires pour que la santé des ouvriers ne se ressente pas trop de la manipulation du poison.

Art. 5.

« L'article 5 confie l'application de la loi aux inspecteurs du travail; à cet effet, il leur donne entrée dans les établissements auxquels elle s'applique. Toutefois les travaux de peinture s'effectuant souvent dans les locaux habités, il a paru nécessaire de sauvegarder par un texte précis le principe de l'inviolabilité du domicile privé. Il est stipulé que dans ce cas, l'inspecteur ne pourra pénétrer dans les locaux qu'après en avoir demandé l'autorisation aux personnes qui les occupent. Cette autorisation pourra d'ailleurs être donnée verbalement. Il est bien certain qu'en fait cette autorisation sera très rarement refusée à l'inspecteur, l'hygiène de l'habitation se trouvant sauvegardée accessoirement par la mesure même qui sauvegarde l'hygiène de l'ouvrier. On sait en effet qu'en cas de malfaçon les peintures faites à la céruse sont sujettes à s'écailler ou à fariner, et qu'absorbées à l'état de poussières elles ne sont point sans danger pour l'habitant.

Art. 6.

« L'article 6 ne fait que viser purement et simplement les dispositions de la loi du 12 juin 1893 relatives à la constatation des contraventions et à l'application des pénalités. Il est naturel, en effet, que des contraventions de nature identique, puisqu'il s'agit dans la loi nouvelle comme dans la loi de 1893 d'infractions à ces mesures d'hygiène et de salubrité, soient constatées et réprimées d'une façon identique. »

***

Il y a plus d'un siècle que cette loi aurait dû être votée, épargnant ainsi bien des souffrances à de nombreux travailleurs et sauvant d'une mort horrible et prématurée des milliers d'existences humaines.

Après un siècle de débats et de controverses il est plus que temps de mettre un terme aux exploits meurtriers de la céruse qui, comme l'écrivait il y a vingt ans l'éminent docteur Napias, « envoie chaque année à la mort des centaines d'ouvriers peintres et en estropie des milliers ».

C'est pourquoi votre Commission a mis toute la diligence possible pour l'étude de la question et le dépôt du rapport, préférant sacrifier la forme et la correction de ce dernier, à la rapidité qui est la principale qualité lorsqu'il s'agit de la santé et de la vie de plusieurs milliers d'êtres humains.

Nous demandons donc à la Chambre de voter d'urgence le projet de loi suivant :

PROJET DE LOI

Article premier.

Dans les ateliers, chantiers, bâtiments en construction ou en réparation et généralement dans tout lieu de travail où s'exécutent des travaux de peinture en bâtiment, les chefs d'industrie, directeurs ou gérants sont tenus, indépendamment des mesures prescrites, en vertu de la loi du 12 juin 1893 sur l'hygiène et la sécurité des travailleurs, de se conformer aux prescriptions suivantes :

Art. 2.

Dans un délai d'un an, à partir de la promulgation de la présente loi, l'emploi de la céruse et de l'huile de lin lithargirée sera interdit dans tous les travaux d'impression, de rebouchage et d'enduisage.

Art. 3.

Dans un délai de trois années à partir de la même date, l'interdiction édictée par l'article précédent s'étendra à tous les travaux de peinture, de quelque nature que ce soit, exécutés à l'intérieur des bâtiments.

Un règlement d'administration publique rendu après avis du Comité consultatif des arts et manufactures et de la Commission d'hygiène industrielle instituée auprès du Ministre du Commerce pourra étendre cette interdiction aux travaux exécutés à l'extérieur des bâtiments.

L'interdiction totale ou partielle des autres produits à base de plomb employés dans l'industrie de la peinture en bâtiment pourra être également prononcée par un règlement d'administration publique rendu dans les mêmes conditions.

Art. 4.

L'autorisation d'employer la céruse ou d'autres produits à base de plomb pourra, par dérogation aux dispositions qui précèdent, être accordée exceptionnellement par le Ministre du Commerce, après avis du Comité consultatif des arts et manufactures et de la Commission d'hygiène industrielle pour chaque cas particulier.

Art. 5.

Les inspecteurs du travail sont chargés d'assurer l'exécution de la présente loi. A cet effet, ils ont entrée dans tous les établissements spécifiés à l'article premier. Toutefois, dans le cas où les travaux de peinture sont exécutés dans des locaux habités, les inspecteurs ne pourront pénétrer dans ces locaux qu'après y avoir été autorisés par les personnes qui les occupent.

Art. 6.

Les articles 5, 7, paragraphes 1 et 3, 9 et 12 de la loi du 12 juin 1893 sont applicables à la constatation des contraventions prévues par la présente loi, ainsi qu'à leur répression.

ANNEXES

ACTES ET DOCUMENTS OFFICIELS

ANNEXE I

Arrêté du Ministre des Travaux publics, en date du 24 août 1849, relatif à la substitution du blanc de zinc au blanc de céruse, pour les travaux de peinture à l'huile exécutés dans les bâtiments de l'État.

Article unique. — A l'avenir, le blanc de zinc sera exclusivement employé dans les travaux de peinture à l'huile exécutés dans les bâtiments de l'État par les ordres du Ministre des Travaux publics.

ANNEXE II

Circulaire du Ministre de l'Intérieur, en date de février 1852, adressée aux Préfets, relative à l'emploi du blanc de zinc dans les travaux de peinture des bâtiments départementaux.

« Monsieur le Préfet, la fabrication et le broyage de la céruse sont depuis longtemps signalés comme des opérations éminemment insalubres. L'emploi des peintures qui admettent cette substance, produit également les plus funestes effets parmi les ouvriers peintres. En ce qui touche la fabrication, elle pourrait, grâce à des perfectionnements récents, devenir jusqu'à un certain point inoffensive, mais il est à craindre que ces perfectionnements ne soient pas toujours réalisés par les fabricants; quant à l'emploi de la céruse, il est certain que des précautions de diverses natures peuvent bien en affaiblir, mais non en paralyser complètement la pernicieuse influence. L'intérêt de la santé d'une classe nombreuse d'ouvriers réclame donc à cet égard, toute la sollicitude des autorités supérieures.

« Déjà, un arrêté émané du Ministre des Travaux publics, à la date du 24 août 1849, prescrit la substitution du blanc de zinc au blanc de céruse, dans les travaux de peinture à exécuter dans les bâtiments de l'État. Depuis, une Commission instituée au même Ministère, en 1848 et 1851, et composée des hommes les plus compétents, a étudié cette question avec un soin tout spécial ; elle est tombée d'accord sur les dangers de la fabrication et de l'emploi de la céruse et sur la nécessité de la remplacer par le blanc de zinc. D'après les conclusions de cette Commission, la préparation, l'emploi et le grattage de la peinture au blanc de zinc ne paraissent présenter aucun danger pour la santé de l'ouvrier. En outre, cette peinture a des qualités de durée, de solidité et d'éclat qui ne se trouvent pas, au même degré, dans la peinture au blanc de céruse; enfin, s'il y a aujourd'hui entre l'une et l'autre égalité de prix, il est permis d'espérer que la peinture au blanc de zinc pourra bientôt être établie à des prix inférieurs.

« En présence de ces conclusions, monsieur le Préfet, je crois devoir vous inviter à prendre les mesures nécessaires pour que le blanc de zinc soit employé généralement dans les travaux de peinture à exécuter aux bâtiments départementaux. Une prescription exclusive et absolue risquerait d'apporter une perturbation trop subite dans l'importante fabrication de la céruse; mais il est essentiel, au moins, que des essais comparatifs de l'une et de l'autre peinture soient faits dans une large échelle, de telle sorte que la préférence puisse être irrévocablement accordée à celle dont l'expérience aura démontré la supériorité, au double point de vue sanitaire et économique.

« Vous donnerez, dans ce sens, des instructions aux architectes chargés des édifices départementaux. Vous transmettrez aussi les mêmes recommandations aux maires des communes de votre département, en ce qui concerne les bâtiments communaux.

« Je désire enfin que vous me teniez informé des dispositions que vous aurez arrêtées, conformément aux instructions qui précèdent. »

ANNEXE III

Circulaire du Sous-Secrétaire d'État des Postes et des Télégraphes, en date du 20 février 1901, relative à l'interdiction d'employer des peintures au blanc de céruse dans les travaux effectués pour le compte de son Administration.

Monsieur le Directeur, dans le but d'éviter les effets pernicieux du blanc de céruse, j'ai décidé que, désormais, dans tous les locaux occupés par les services ou destinés à l'installation des bureaux, il sera fait usage exclusivement de peintures ou enduits à base de blanc de zinc (oxyde de zinc).

En conséquence, les marchés, soumissions, cahiers des charges, baux, etc., prévoyant l'exécution de travaux de peinture, devront mentionner à l'avenir cette obligation, qui sera également imposée aux entrepreneurs chargés d'effectuer des travaux de l'espèce en vertu de conventions verbales.

Je vous prie de me donner l'assurance que ces dispositions seront rigoureusement appliquées dans votre service.

ANNEXE IV

Arrêté du Ministre du Commerce, de l'Industrie, des Postes et des Télégraphes en date du 25 mars 1901, sur l'interdiction de l'emploi du blanc de céruse dans les travaux de peinture effectués pour le compte de son Administration.

Vu l'avis du Comité consultatif d'hygiène publique de France, en date du 4 mars 1901,
Sur la proposition du Directeur du travail,

Article premier. — Dans les travaux qui seront exécutés dans les locaux du Ministère du Commerce, de l'Industrie, des Postes et des Télégraphes, il sera interdit à l'avenir de faire usage de couleurs ou enduits à base de blanc de céruse.

Art. 2. — Les marchés passés pour l'exécution desdits travaux, soit de gré à gré, soit par adjudication, devront mentionner cette interdiction. Une clause spéciale devra être inscrite, à cet effet, dans les cahiers des charges. L'interdiction devra être également mentionnée dans les baux passés pour la location des locaux occupés par les services dépendant du Ministère du Commerce, quand il y sera prévu l'exécution de travaux de peinture.

Art. 3. — L'interdiction sera également imposée aux entrepreneurs chargés d'effecdes travaux visés par l'article 1er en vertu de conventions verbales.

ACTES ET DOCUMENTS OFFICIELS

ANNEXE V

Circulaire du Président du Conseil, Ministre de l'Intérieur et des Cultes, en date du 11 juillet 1901, adressée aux préfets, concernant l'emploi exclusif du blanc de zinc dans tous les travaux relevant du Ministère de l'Intérieur.

L'attention du Gouvernement a été appelée sur les dangers que présente, pour la santé des ouvriers employés aux travaux de peinture, l'usage des couleurs à base de céruse.

Déjà, en 1852, une circulaire du Ministre de l'Intérieur recommandait aux préfets de veiller à ce que le blanc de zinc soit employé généralement dans les travaux de peinture à exécuter par les départements et les communes. Ces recommandations paraissent avoir été perdues de vue, si j'en juge par les réclamations dont le Gouvernement a été saisi. Je crois devoir les renouveler.

Le comité consultatif d'hygiène publique de France, auquel j'ai soumis la question, a émis l'avis que « la substitution des peintures à base d'oxyde de zinc aux peintures à base de céruse est tout à fait désirable au point de vue de l'hygiène; que cette substitution semble possible dans la très grande majorité des travaux de peinture; que, par suite, les administrations de l'État donneraient un exemple salutaire, feraient une œuvre d'hygiène très utile, en poursuivant, chaque fois que cela sera possible, la substitution du blanc de zinc au blanc de céruse dans les travaux exécutés pour le compte de ces administrations ».

J'ai décidé, en conséquence, que dans tous les travaux relevant du Ministère de l'Intérieur, l'emploi exclusif du blanc de zinc sera imposé aux soumissionnaires. Dans les cas tout à fait exceptionnels où les architectes croiraient indispensable de déroger à cette prohibition, ils devront se pourvoir d'une autorisation spéciale de l'Administration supérieure.

ANNEXE VI

Circulaire du Ministre de la Guerre, en date du 21 octobre 1901, adressée a MM. les généraux commandants les corps d'armée, sur l'interdiction des couleurs et enduits à base de blanc de céruse pour tous les travaux exécutés dans les établissements militaires (1).

Les dangers que présente, pour les ouvriers employés aux travaux de peinture, l'usage des couleurs à base de blanc de céruse ont été souvent signalés, et ont donné lieu récemment à un avis du Comité consultatif d'hygiène publique de France faisant ressortir qu'il est très désirable, au point de vue hygiénique, de substituer le blanc de zinc au blanc de céruse ; cette substitution peut, d'ailleurs, être réalisée sans inconvénient au point de vue technique.

J'ai, en conséquence, décidé que, pour tous les travaux exécutés dans les établissements militaires, il sera, à l'avenir, interdit de faire usage de couleurs ou enduits à base de blanc de céruse.

Les marchés à passer pour l'exécution de ces travaux, soit de gré à gré, soit par adjudication, devront mentionner cette interdiction ; une clause spéciale sera inscrite à cet effet dans les cahiers des charges. En ce qui concerne ceux des marchés en cours qui n'expireraient pas à la fin du présent exercice, les services intéressés passeront avec les adjudicataires des actes additionnels fixant le prix et le mode d'exécution des peintures et enduits à base de blanc de zinc. Les directeurs des services et établissements et les chefs de corps auront également à faire observer cette interdiction lorsqu'il sera procédé à des travaux de peinture par la main-d'œuvre militaire.

(1) C. f. la circulaire semblable du Sous-Secrétaire d'Etat des postes et télégraphes du 20 février 1901 et l'arrêté du Ministre du Commerce en date du 25 mars 1901 (*Bull.* d'avril 1901), ainsi que la circulaire du Ministre des Travaux publics, en date du 1er juin 1901 (*Bull.* de juillet 1901).

ANNEXE VII

Circulaire du Ministre de l'Instruction publique et des Beaux-Arts, en date du 30 novembre 1901, concernant l'interdiction des couleurs ou enduits à base de blanc de céruse dans les travaux exécutés pour le compte de son Administration.

L'attention du Gouvernement ayant été appelée sur les dangers que présente, pour la santé des ouvriers employés aux travaux de peinture, l'usage des couleurs à base de céruse, le comité consultatif d'hygiène de France a été saisi de la question et le conseil général des bâtiments civils a été chargée d'examiner s'il était possible, au point de vue pratique, de substituer l'emploi du blanc de zinc au blanc de céruse.

Il ressort de cette enquête, d'une part, que la substitution du blanc de zinc au blanc de céruse est tout à fait désirable au point de vue de l'hygiène ; de l'autre, que cette substitution peut être réalisée sans inconvénient sérieux au point de vue technique.

J'ai en conséquence décidé que dans les travaux exécutés pour le compte de mon Administration, il sera désormais interdit de faire usage de couleurs ou enduits à base de blanc de céruse.

Les marchés à passer pour l'exécution de ces travaux, soit de gré à gré, soit par adjudication, devront mentionner cette interdiction.

Dans les cas tout à fait exceptionnels, où vous croiriez indispensable de recourir à l'emploi de la céruse, vous auriez à vous pourvoir d'une autorisation spéciale de l'Administration supérieure.

ANNEXE VIII

PROJET DE DÉCRET

Sur l'emploi de la céruse dans l'industrie de la peinture en bâtiment.

Texte adopté par la Commission d'hygiène industrielle.

(21 mars 1901)

Article premier.

L'emploi de la céruse est interdit dans l'industrie de la peinture en bâtiment.

Art. 2.

A titre transitoire et dans les travaux de grattage et ponçage d'anciens fonds de peinture à base de plomb, les chefs d'industrie, directeurs, gérants ou préposés devront mettre à la disposition des ouvriers des surtouts qui seront portés pendant le travail et enlevés à la fin de chaque reprise.

Avant de quitter le travail, pour le repas de midi, les ouvriers auront un délai de 10 minutes, pris sur le temps du travail, pour procéder aux soins de propreté prévus par l'article 8 du décret du 10 mars 1894. Les objets nécessaires, récipients, savons, brosses à ongles, essuie-mains seront mis à leur disposition sur le lieu même du travail.

Art. 3.

Les chefs d'industrie, directeurs ou gérants sont tenus d'afficher dans un endroit apparent de leurs ateliers de préparation le texte du présent décret ainsi que les instructions y annexées.

Art. 4.

Un délai de 6 mois est accordé aux chefs d'industrie pour l'application de l'article premier du présent décret. Pendant ce délai, les mesures d'hygiène prescrites aux articles 2 et 3 devront être appliquées dans les chantiers où il sera fait emploi du blanc de céruse.

ANNEXE IX

PROJET DE DÉCRET

Sur l'emploi de la céruse dans les travaux de la peinture en bâtiment.

Texte élaboré par le Comité consultatif des arts et manufactures.

(11 juin 1902)

Article premier.

La céruse ne peut être employée qu'à l'état de pâte dans les ateliers de peinture en bâtiment.

Art. 2.

Il est interdit d'employer directement avec la main les produits à base de céruse dans les travaux de peinture en bâtiment.

Art. 3.

Le travail à sec au grattoire et le ponçage à sec des peintures au blanc de céruse sont interdits.

Art. 4.

Dans les travaux de grattage et de ponçage *humides* et généralement dans tous les travaux de peinture à la céruse, les chefs d'industrie devront mettre à la disposition de leurs ouvriers des surtouts exclusivement affectés au travail et en prescriront l'emploi. Ils assureront le bon entretien et le lavage fréquent de ces vêtements.

Les objets nécessaires aux soins de propreté seront mis à la disposition des ouvriers sur le lieu même du travail.

Les engins et outils seront tenus en bon état de propreté. Le nettoyage sera effectué sans grattage et à sec.

Art. 5.

Les chefs d'industrie seront tenus d'afficher le texte du présent décret dans les locaux où se font le recrutement et la paye des ouvriers.

ANNEXE X

PROJET DE DÉCRET

Relatif à l'emploi de la céruse dans la peinture en bâtiment

Texte soumis au Conseil d'État, 24 *juin* 1902.

Le Président de la République française,

Sur le rapport du Ministre du Commerce, de l'Industrie, des Postes et des Télégraphes;

Vu l'article 3 de la loi du 12 juin 1893, ainsi conçu :

« Des règlements d'administration publique, rendus après avis du Comité consultatif des arts et manufactures, détermineront :

« 1° Dans les trois mois de la promulgation de la présente loi, les mesures générales de protection et de salubrité applicables à tous les établissements assujettis, notamment en ce qui concerne l'éclairage, l'aération ou la ventilation, les eaux potables, les fosses d'aisances, l'évacuation des poussières et vapeurs, les précautions à prendre contre les incendies, etc. ;

« 2° Au fur et à mesure des nécessités, les prescriptions particulières relatives soit à certaines industries, soit à certains modes de travail.

« Le Comité consultatif d'hygiène publique de France sera appelé à donner son avis en ce qui concerne les règlements généraux prévus au paragraphe 2 du présent article. »

Vu l'avis du Comité consultatif des arts et manufactures;

Le Conseil d'État entendu :

Décrète :

Article premier.

La céruse ne peut être employée qu'à l'état de pâte dans les ateliers de peinture en bâtiment.

Art. 2.

Il est interdit d'employer directement avec la main les produits à base de céruse dans les travaux de peinture en bâtiment.

Art. 3.

Le travail à sec au grattoir et le ponçage à sec des peintures au blanc de céruse sont interdits.

Art. 4.

Dans les travaux de grattage et de ponçage humides, et généralement dans tous les travaux de peinture à la céruse, les chefs d'industrie devront mettre à la disposition de leurs ouvriers des surtouts exclusivement effectés au travail et en prescriront l'emploi. Ils assurent le bon entretien et le lavage fréquent de ces vêtements.

Les objets nécessaires aux soins de propreté seront mis à la disposition des ouvriers sur le lieu même du travail.

Les engins et outils seront tenus en bon état de propreté. Le nettoyage sera effectué sans grattage à sec.

Art. 5.

Dans un délai d'une année à partir de la promulgation du présent décret, l'emploi de la céruse et de l'huile de lin lithargirée sera interdit dans tous les travaux d'impression, de rebouchage et d'enduisage.

Art. 6.

Dans un délai de trois années à partir de la même date, l'interdiction édictée à l'article 5 s'étendra à tous les travaux de peinture à l'intérieur des bâtiments.

Art. 7.

Les chefs d'industrie seront tenus d'afficher le texte du présent décret dans les locaux où se font le recrutement et la paye des ouvriers.

Paris, le

ANNEXE XI

RAPPORT

Au Président de la République française à l'appui du texte définitif.

(15 juillet 1902.)

Monsieur le Président,

J'ai l'honneur de soumettre à votre signature le projet de décret réglementant l'emploi de la céruse dans les travaux de peinture en bâtiment.

Depuis longtemps, les graves maladies des peintres en bâtiment qui manipulent cette substance ont attiré l'attention des hygiénistes et ému l'opinion publique. Récemment encore, le Comité consultatif d'hygiène publique en France, le Conseil général des bâtiments civils, la Commission d'hygiène industrielle du Ministère du Commerce, appelés à examiner la question, n'ont pas hésité à reconnaître la nocivité du blanc de céruse et la possibilité de lui substituer d'autres produits dans la plupart des travaux de la peinture en bâtiment.

Le projet primitif de règlement élaboré par la Commission d'hygiène industrielle concluait à l'interdiction absolue de l'emploi de la céruse dans les travaux de la peinture en bâtiment.

Le Comité consultatif des arts et manufactures fut d'avis de modifier ce projet et d'édicter seulement un certain nombre de précautions à observer.

Après un examen minutieux des avis émis par les Conseils saisis de la question, il m'avait paru que, pour protéger efficacement les ouvriers peintres, il était nécessaire d'ajouter aux simples mesures de précaution édictées par le Comité consultatif des arts et manufactures des dispositions interdisant l'emploi de la céruse : 1° dans tous les travaux d'impression, de rebouchage et d'enduisage; 2° après un délai évalué d'après les nécessités industrielles, dans tous les travaux de peinture à l'intérieur des bâtiments.

Le Conseil d'État, auquel le projet de décret a été renvoyé, conformément à la loi, a présenté contre ces dispositions des objections d'ordre juridique. Il a été d'avis que leur introduction dans le règlement d'administration publique élaboré n'était aucunement autorisée par les termes de la loi du 12 juin 1893 sur l'hygiène et la sécurité des travailleurs dans les établissements industriels.

En présence de cet avis, je n'ai pas cru pouvoir maintenir l'interdiction d'employer la céruse dans certains travaux de la peinture en bâtiment, et c'est le texte approuvé par le Comité consultatif des arts et manufactures et par le Conseil d'État que j'ai l'honneur de soumettre à votre approbation.

Mais, pour les raisons d'hygiène et de salubrité qui m'avaient déterminé à préparer le texte primitif du décret, je me réserve de vous demander ultérieurement de présenter au Parlement un projet de loi spécial visant l'interdiction écartée par le Conseil d'État.

Veuillez agréer, Monsieur le Président, l'hommage de mon respectueux dévouement.

Le Ministre du Commerce, de l'Industrie,
des Postes et des Télégraphes,

Georges TROUILLOT.

ANNEXE XII

DÉCRET

Du 18 juillet 1902

Le Président de la République,

Sur le rapport du Ministre du Commerce, de l'Industrie, des Postes et des Télégraphes ;

Vu l'article 3 de la loi du 12 juin 1893 ainsi conçu :

« Des règlements d'administration publique, rendus après avis du Comité consultatif des arts et manufactures, détermineront :

« 1° Dans les trois mois de la promulgation de la présente loi, les mesures générales de protection et de salubrité applicables à tous les établissements assujettis, notamment en ce qui concerne l'éclairage, l'aération ou la ventilation, les eaux potables, les fosses d'aisances, l'évacuation des poussières et vapeurs, les précautions à prendre contre les incendies, etc...;

« 2° Au fur et à mesure des nécessités constatées, les prescriptions particulières relatives soit à certaines industries, soit à certains modes de travail ;

« Le Comité consultatif d'hygiène publique de France sera appelé à donner son avis en ce qui concerne les règlements généraux prévus au paragraphe 2 du présent article. »

Vu l'avis du Comité consultatif des arts et manufactures ;

Le Conseil d'État entendu,

Décrète :

Article premier.

La céruse ne peut être employée qu'à l'état de pâte dans les ateliers de peinture en bâtiment.

Art 2.

Il est interdit d'employer directement avec la main les produits à base de céruse dans les travaux de peinture en bâtiment.

Art. 3.

Le travail à sec au grattoir et le ponçage à sec des peintures au blanc de céruse sont interdits.

Art. 4.

Dans les travaux de grattage et de ponçage humides, et généralement dans tous les travaux de peinture à la céruse, les chefs d'industrie devront mettre à la disposition de

5

leurs ouvriers des surtouts exclusivement affectés au travail, et en prescriront l'emploi. Ils assureront le bon entretien et le lavage fréquent de ces vêtements.

Les objets nécessaires aux soins de propreté seront mis à la disposition des ouvriers sur le lieu même du travail.

Les engins et outils seront tenus en bon état de propreté, leur nettoyage sera effectué sans grattage à sec.

Art. 5.

Les chefs d'industrie seront tenus d'afficher le texte du présent décret dans les locaux où se font le recrutement et la paye des ouvriers.

Art. 6.

Le Ministre du Commerce, de l'Industrie, des Postes et des Télégraphes est chargé de l'exécution du présent décret qui sera inséré au *Bulletin des lois* et au *Journal officiel* de la République française.

Fait à Paris, le 18 juillet 1902.

EMILE LOUBET.

Par le Président de la République :

Le Ministre du Commerce,
de l'Industrie, des Postes et des Télégraphes.
Georges TROUILLOT.

ANNEXE XIII

RAPPORT

De la Commission d'architecture du département de la Seine à M. le Préfet de la Seine, en date du 18 *juin* 1850.

Monsieur le Préfet,

Vous avez renvoyé à la Commission d'architecture l'examen de la demande qui vous a été faite par M. d'Eichtahl, administrateur délégué de la Société anonyme du blanc de zinc et des couleurs à base de zinc, pour l'emploi desdites matières dans les travaux de peinture que la ville de Paris fait exécuter.

La Commission a dû s'occuper de recueillir tous les renseignements qui lui étaient nécessaires pour s'assurer, par des expériences et applications réitérées, que l'invention des demandeurs présentait tous les avantages annoncés par eux.

Aujourd'hui qu'elle les reconnaît réels, la Commission a l'honneur, monsieur le Préfet, de vous retracer la marche qu'elle a suivie et les résultats qu'elle a obtenus.

Trois objections avaient été faites lors de l'annonce publique de ces avantages.

La première, que le blanc de zinc ne couvrait pas autant les surfaces peintes que celui de céruse; de sorte que là où on employait trois couches de céruse, il fallait en donner quatre et même cinq en blanc de zinc.

La deuxième, que ce dernier blanc employait plus d'huile que la céruse, ce qui le rendait plus dispendieux.

La troisième, qu'il était plus difficile à étendre, ce qui augmentait le prix de la main-d'œuvre.

Pour bien juger de la véracité de ces faits, la Commission a chargé l'entrepreneur qui les avait avancés de peindre sur des planches, et en regard l'un de l'autre, cinq échantillons de chacun de ces blancs, à une, à deux et à trois couches, lui enjoignant, puisque la troisième couche du blanc de zinc ne couvrait pas autant que celle de céruse, d'ajouter à la suite la quatrième et la cinquième couche de zinc, jusqu'à ce que le bois fût également couvert. Puis, pour contrôler l'œuvre de critique, elle a fait les mêmes demandes à M. Leclaire.

Ces divers échantillons ayant été apportés à la Commission, elle a reconnu : 1° que la première objection n'était pas fondée, les trois couches de blanc de zinc couvrant autant les pores du bois que les trois couches à la céruse et étant d'un blanc plus beau. M. Leclaire a convenu, quant à la seconde objection, que le blanc de zinc employait une plus grande quantité d'huile ; mais qu'à surface égale, trois cent vingt-trois grammes de couleur détrempée suffisaient là où il serait nécessaire d'en employer trois cent quatre-vingt-un en blanc de céruse ; ce qui, malgré une dépense de 36 0/0 en plus, présenterait une économie de 11,31 0/0 dans l'emploi du blanc de zinc.

Enfin, quand à la grande dépense de main-d'œuvre, M. Leclaire la nie formellement, déclarant que l'opposition vient de l'impossibilité où on se trouve de mélanger au blanc de zinc soit la craie, soit le sulfate de baryte, dont le poids approche de celui de la céruse.

Depuis ces premières expériences, les ouvriers s'étant accoutumés à employer le blanc de zinc, ont déclaré qu'il ne leur demandait pas plus de temps que celui de céruse. Des applications nombreuses ont été faites dans des laboratoires, des salles de bains sulfureux et des latrines, dont les peintures à la céruse étaient ordinairement noircies en peu de temps : leur blancheur n'a pas été altérée depuis qu'elles sont peintes au blanc de zinc.

Vous savez, monsieur le Préfet, que la Commission ayant convoqué dans son sein MM. d'Eichtahl et Leclaire, afin de leur faire appliquer sous ses yeux les effets du dégagement de l'hydrogène sulfuré sur diverses couleurs à base de zinc et à base de céruse, vous avez désiré assister à ces expériences, que nous résumons ci-après.

Plusieurs nuances de vert fixe à base de zinc, des jaunes de zinc, et une couleur rougeâtre appelée jaune d'Orient (jaune orangé), devaient être éprouvées.

Ces couleurs, ainsi que du blanc de zinc, ont été appliquées sur les compartiments supérieurs d'un cône tronqué dont les compartiments sont peints de nuances parfaitement semblables, en couleur à base de plomb et de céruse.

Devant vous, monsieur le Préfet, ce cône a été mis sous une cloche de verre dans laquelle M. Leclaire a introduit un courant d'hydrogène sulfuré.

La Commission a constaté qu'immédiatement le plomb et les couleurs à base de plomb et de cuivre ont commencé à s'altérer, les couleurs les plus pâles subissant les premières l'action du gaz parce qu'elles contiennent une plus grande quantité de blanc ; mais, au bout de quelques minutes, les autres couleurs, même les verts les plus foncés, ont subi la même décomposition, et bientôt toute la partie inférieure du cône n'a plus offert qu'une seule teinte d'un brun foncé, tandis que les couleurs à base de zinc et le blanc de zinc ont conservé toute leur fraîcheur.

Vous avez aussi reconnu, monsieur le Préfet, que sous le rapport chimique la démonstration ne peut laisser aucun doute sur l'inaltérabilité des produits nouveaux, et vous avez engagé la Commission à constater tous les faits de nature à éclairer l'administration sur la convenance d'adopter les produits offerts pour les travaux de la Ville.

La Commission a ensuite procédé à l'examen des moyens indiqués par M. Leclaire pour reconnaître la pureté du blanc de zinc, soit en poudre, soit à l'état de peinture ; après son application, elle a a reconnu :

Que dans les deux derniers cas il faut ramener à l'état de poudre la peinture soit liquide, soit appliquée, en dégageant les liquides, huiles ou essences, par la calcination.

S'il n'y a pas eu mélange, le blanc, ou la poudre obtenue par la calcination, jeté dans l'acide sulfurique étendu d'eau, sera complètement dissous.

Si, au contraire, il y a eu altération, il se formera un précipité plus ou moins rapide, plus ou moins floconneux, selon que la matière introduite sera du sulfate de baryte ou de craie.

Dans le cas où on aurait mêlé de la céruse au blanc de zinc, il suffirait, pour la reconnaître, de verser dans la dissolution ci-dessus un peu d'hydrosulfate d'ammoniaque : à l'instant même le plomb se transformerait en sulfure.

Si on ne veut pas avoir recours au grattage, pour reconnaître s'il y a eu de la céruse mêlée au blanc de zinc, il suffit d'appliquer sur la peinture faite un peu d'hydrosulfate d'ammoniaque ; dans ce cas encore, le plomb se sulfatera.

La Commission a reconnu également que la céruse n'absorbe que 30 0/0 de son poids d'huile, tandis que le blanc de zinc se mélange avec un poids d'huile égal au sien, ce qui offre une garantie importante pour la solidité des travaux, par l'emploi du blanc de zinc, la durée et la solidité de la peinture dépendant surtout de la proportion d'huile employée.

La Commission a reconnu aussi que, à poids égal, la peinture au blanc de zinc couvre une surface beaucoup plus grande que celle à la céruse. Elle a aussi reconnu que les peintures, soit intérieures, soit extérieures, faites depuis plusieurs années, et que les membres de la Commission ont visitées, sont dans un état satisfaisant de conservation.

Enfin, la Commission, s'étant assurée que le blanc de zinc n'est pas plus cher que la céruse, conclut, des expériences faites devant elle et des faits qu'elle a constatés, que :

La peinture au blanc de zinc, dont les avantages pour la santé des ouvriers ont été déclarés considérables par les hommes spéciaux, étant plus économique, plus belle, plus durable que celle de la céruse, il y a lieu d'inviter MM. les architectes de la Ville à l'adopter dans les travaux qu'ils dirigent.

Les membres de la Commission ont l'honneur d'être, avec respect, monsieur le Préfet, vos très humbles et très obéissants serviteurs.

Signé : DURAND, P. FERE, JOLIVET, MENAGERS, V. BALTARD, FROMENTIN, CG. FRICHOT, FÉRÉ, JAY.

ANNEXE XIV

RAPPORT

de la Commission spéciale nommée par M. le Ministre, sur les essais comparatifs des peintures à base de zinc et à base de plomb.

Toulon, le 19 août 1850.

Conformément à l'ordre de M. le vice-amiral, préfet maritime, en date du 3 juillet 1850, une commission composée de :

MM. Le Frotter de la Garenne (Jules), capitaine de frégate, président,
Le Boulleur de Courlon, sous-ingénieur des constructions navales,
Janvier, ingénieur des travaux hydrauliques,
Agarrat, sous-commissaire de la marine,

s'est réunie plusieurs fois, à partir du 9 juillet, pour faire des expériences comparatives entre les peintures à base de zinc et les peintures à base de plomb.

La Société anonyme des blancs de zinc avait fait mettre à la disposition de la Commission :

31 kil. de blanc de neige,
100 — de blanc de zinc,
50 — de gris de zinc,
2 — de vert de zinc, n° 1,
2 — de vert de zinc, n° 2,
13 — de siccatif.

Elle avait présenté ces produits comme destinés à remplacer respectivement le blanc d'argent, la céruse, les verts de cuivre et l'huile rendue siccative par la litharge.

M. Novacque, un des agents de la Société, s'était rendu à Toulon pour la représenter. C'est en sa présence et d'après ses indications, qu'ont été préparées les peintures de zinc, tandis que pour celles de plomb on a conservé les proportions en usage dans l'arsenal.

Le blanc de neige est du peroxide de zinc entièrement pur. On le distingue facilement du blanc de zinc par sa couleur plus éclatante. Il forme une poudre impalpable que l'humidité coagule légèrement sans la durcir. Quand on l'a fait sécher et qu'on l'a tassé, il a pour poids spécifique 1,19 environ.

La Société des blancs de zinc s'engagerait à le livrer au prix de 120 francs les 100 kilogrammes. C'est trop pour qu'on l'emploie fréquemment dans les arsenaux (1). On pourrait en recouvrir seulement les cordons extérieur des bâtiments, les sculptures et peut-être aussi les plafonds des chambres des officiers généraux.

La préparation du blanc de neige en peinture se fait comme nous l'avons dit précédemment; la pâte doit contenir de 2 à 6 0/0 de siccatif relativement au poids de l'huile, et

(1) Le prix du blanc de neige vient d'être réduit à 90 francs.

pour la délayer il est bon d'ajouter à l'huile un peu d'essence de térébenthine. Cette dernière quantité d'huile est un peu variable; on la restreint ou bien on l'augmente suivant que la peinture doit être plus ou moins épaisse. Pour les expériences, on avait mélangé un même poids de liquide et de peinture en poudre.

SAVOIR :

Poudre de blanc de neige	1	k.
Huile de lin	0	875
Siccatif	0	050
Essence	0	075
Total	2 k.	000

Le blanc de neige s'applique sur le bois qui n'a jamais été peint et sur le bois gratté; il couvre bien, mais il est inutile de l'employer pour une première couche. On prépare au blanc de zinc, qui est moins cher et qui couvre encore mieux, et l'on passe ensuite une couche au blanc de neige.

Plusieurs essais ont montré qu'en moyenne, sur bois de sapin neuf, 1 kilogramme de blanc de neige recouvre pour une

1re couche, 10m,53
2e couche, 16
3e couche, 15

ou bien que pour couvrir un mètre, il faut à une première couche .... 0 k. 095
à une deuxième et à une troisième 0 625

D'après les prix cités plus haut et d'après ceux qui résultent des derniers marchés d'huile et d'essence passés par la marine, savoir : 98 fr. 85, et 69 fr. 80 les 100 kilogrammes, on trouve facilement que, sans tenir compte des frais de préparation, le kilogramme de peinture coûte .... 1 fr. 0986
Le mètre carré pour une première couche 0 1043
— pour une deuxième couche 0 0687

Le chiffre de 0,10 par mètre n'est pas très élevé; cependant nous avons dit que le blanc de neige devait être peu employé à cause de son prix.

Cette contradiction vient de ce que le mélange précédent était destiné à recouvrer des blancs de zinc et contenait plus d'huile qu'il n'en eût fallu pour l'employer seul à deux couches.

Or, en augmentant la proportion de blanc, le prix croît d'un côté et la surface couverte diminue de l'autre.

Quand on applique le blanc de neige sur une ou deux couches de blanc de zinc, il se comporte de la même manière que plus haut. Pour une deuxième ou troisième couche, il couvre encore 16 mètres par kilogramme.

La Commission a fait peindre au blanc de neige seul quelques panneaux de sapin, et sur blanc de zinc, des sculptures et le plafond du salon d'une corvette. Dans ces différents cas, et par un beau temps d'été, la peinture a séché en vingt-quatre heures à l'ombre, tandis que, sans siccatif, elle en aurait mis cinquante-deux. Ensuite, elle a présenté une magnifique couleur blanche dont l'éclat l'emporte considérablement sur la céruse. C'était, en effet, au blanc d'argent qu'il fallait la comparer, mais nous n'en avions pas; d'ailleurs, la marine devant n'employer que rarement le blanc de neige, si elle l'adopte, nous n'avons pas cru nous livrer à un plus grand nombre d'essais.

Le blanc de neige est adhérent; il ne paraît pas devoir s'écailler comme plusieurs peintures légères.

Bien que la sanction du temps ne puisse être invoquée en sa faveur, la Commission lu reconnaît les propriétés qui assurent ordinairement une bonne et longue conservation.

Le blanc de zinc est la plus importante des peintures de zinc, puisqu'il doit remplacer la céruse, dont l'emploi est si fréquent.

Il est composé de protoxyde, mélangé seulement d'un peu de charbon très divisé. Son poids spécifique, lorsqu'il est sec et tassé, est de 1, 10 à peu près. Il forme aussi une poudre très ténue; sans recourir à la différence des densités, on le distingue de la céruse par sa couleur blanche tirant sur le gris ou le bleu. Sa préparation en peinture offre les avantages que nous avons déjà cités, et elle a été généralement faite dans les proportions suivantes :

	Pour la pâte	Pour la peinture
Blanc de zinc	1 k. »	1 k. »
Huile de lin	0 480	0 760
Siccatif	0 048	0 048
Essence	» »	0 082
Total	1 k. 528	1 k. 890

De son côté, la céruse étant formée, suivant l'usage, de :

Céruse en poudre	0 k. 800
Huile de lin	0 200
Total	1 k. »

On voit par là que le blanc de zinc nous absorbe une beaucoup plus grande quantité d'huile; cependant il est moins épais, à cause de sa plus faible densité ; les ouvriers l'appliquent sans difficulté et avec moins de fatigue à cause du faible poids qui charge l'extrémité de leur pinceau.

La céruse produit des couches moins épaisses et qui ne paraissent pas garantir autant. On remarque ce désavantage principalement sur le bois de sapin neuf et sur la toile, et il existe aussi d'une manière notable sur toutes les autres essences et sur le fer.

Nous avons entrepris un grand nombre d'expériences sur de très grandes surfaces ; en comptant les diverses couches, nous avons fait peindre près de mille mètres carrés. Après leur application, les deux peintures ont été simultanément conservées à l'ombre, exposées à toutes les variations de l'atmosphère et soumises aux mêmes émanations.

Toujours elles ont séché dans le même temps ; mais, placées l'une à côté de l'autre, elles ont présenté un aspect tout différent. Le blanc de zinc a pris une teinte bleuâtre assez agréable que les rayons du soleil alternent, et la céruse une teinte jaune qui plaît beaucoup moins. Pour la couleur et pour l'apparence de solidité, la Commission a donné constamment la préférence au blanc de zinc.

Les expériences sont encore trop récentes pour permettre de conclure définitivement sur la conservation relative des deux peintures.

Cependant on peut dire que toutes les circonstances qui détériorent promptement le blanc de céruse n'altèrent pas aussi profondément le blanc de zinc. Il résiste un peu mieux aux émanations sulfureuses, bien qu'il jaunisse aussi, et qu'un lavage à l'eau de savon ne suffise pas (quoiqu'on l'ait dit) à le rétablir.

Dans l'eau, il se comporte encore avec un certain avantage ; il dure plus que la céruse, il adhère mieux au bois et attire moins les coquillages.

La Société du blanc de zinc livrerait cette peinture en poudre au prix de 70 francs les 100 kilogrammes, rendue à Toulon. La céruse coûte moins : de 67 francs et plus, elle est tombée dans le marché de 1850 à 64,90. D'après ces prix, on trouve aisément qu'un kilogramme de blanc de zinc et de céruse préparés coûte respectivement en matière 0 fr. 8388 et 0 fr. 7122, et avec la main-d'œuvre de préparation, 0 fr. 8414 et 0 fr. 9397.

Mais, pour comparer le prix de revient des deux peintures, il faut tenir compte des surfaces qu'elles couvrent. Le tableau suivant présente un résumé des expériences que nous avons faites à ce sujet.

Surface couverte par 1 kilog. de peinture.

	1re COUCHE		2e COUCHE		3e COUCHE	
	Blanc de zinc.	Céruse.	Blanc de zinc.	Céruse.	Blanc de zinc.	Céruse.
	mètres.	mètres.	mètres.	mètres.	mètres.	mètres.
Sur bois de sapin neuf........	8 70	7 »	11 80	9 30	11 80	9 20
Sur bois de sapin antérieurement peint et gratté........	4 90	4 40	10 50	7 30	10 50	7 30
Sur chêne antérieurement peint et gratté	5 20	4 70	»	»	»	»
Sur fer neuf................	8 70	6 »	»	»	»	»
Sur tôle peinte à la céruse et au gris depuis un an........	5 40	4 60	»	»	»	»

Poids de peinture nécessaire pour couvrir un mètre.

	1re COUCHE		2e COUCHE		3e COUCHE	
	Blanc de zinc.	Céruse.	Blanc de zinc.	Céruse.	Blanc de zinc.	Céruse.
	kil.	kil.	kil.	kil.	kil.	kil.
Sur bois de sapin neuf........	0 1150	0 1429	0 0847	0 1075	0 0847	0 1075
Sur bois de sapin antérieurement peint et gratté........	0 2060	0 2270	0 0952	0 1370	0 0952	0 1370
Sur chêne antérieurement peint et gratté	0 1923	0 2128	»	»	»	»
Sur fer neuf................	0 1150	0 1666	»	»	»	»
Sur tôle peinte à la céruse et au gris depuis un an........	0 1852	0 2178	»	»	»	»

On peut conclure de là que le blanc de zinc couvre plus de surface que la céruse dans le rapport de 1,20 ou de 1,30 à 1. Or, en multipliant le prix du kilogramme de céruse par 1,20, puis par 1,30 et divisant par le prix du blanc de zinc, on trouve pour quotients 1,05 et 1,10. Cela veut dire que le blanc de zinc procure un avantage de prix qui varie de 5 à 14 0/0. Il est facile de reconnaître encore que le mètre carré sur sapin neuf et pour une première couche revient à 9 ou 10 centimes. Tous ces chiffres doivent être exacts; la Commission pense qu'une plus longue expérience les vérifiera toujours.

Le blanc de zinc peut remplacer la céruse dans toutes les peintures composées où entre celle-ci; il s'allie parfaitement aux verts, aux bleus, etc., et donne lieu à de très belles couleurs. On le prépare sans difficultés à l'essence, à l'alcool et au vernis. Un mélange à parties égales de blanc et de vernis galipot peut recouvrir 15 mètres par kilogrammes, tandis que la céruse broyée avec son demi-poids de vernis n'enduit que 11m,15.

La céruse au vernis doit être employée avec promptitude; en moins de quatre heures elle durcit complètement et devient inapplicable. Le blanc persiste, au contraire, pendant douze heures, et cette qualité est importante; elle peut faire éviter quelquefois des pertes de peinture assez considérables. Mais la couleur de blanc au vernis n'a pas sur la céruse l'avantage que nous avons signalé précédemment; la grande quantité de galipot lui donne une teinte qui tire sur le rouge. Pour conserver sa supériorité, le blanc de zinc exige sans doute l'emploi d'un vernis blanc.

Le gris de zinc est encore de l'oxyde de zinc, mais rendu très impur par beaucoup d'autres substances. Une analyse faite avec un grand soin par M. le premier pharmacien en chef de l'hôpital P.-J. a montré qu'il renfermait :

Oxyde de zinc	60 50
— de fer	6 50
— de plomb	6 »
Sulfure de zinc	2 »
Silice	4 »
Allumine	1 »
Carbonate de chaux	8 »
Carbone	0 60
Humidité	0 80
Perte (due à l'acide carbonique)	4 60

On voit par là qu'il doit être un résidu de fabrication obtenu par le grattage des cornues et des cheminées qui ont servi à faire le blanc de neige et le blanc de zinc.

Mélangé dans la proportion de :

Gris en poudre	1 k.	000
Huile de lin	0	470
Siccatif	0	010
Essence	0	020
Total	1	500

il couvre très bien et couvre aussi rapidement que le minium.

Nous avons fait peindre l'aire d'un corps de chaudière; une cheminée de machine à vapeur et plusieurs autres surfaces. Parmi elles les unes ont été exposées aux grands vents, arrosées fréquemment: d'autres immergées complètement dans l'eau de mer et jusqu'à présent la peinture s'est comportée parfaitement; elle est adhérente et très unie.

Sans lui attribuer toutes les qualités du minium, nous pensons qu'elle pourrait être employée avec le même succès dans un grand nombre de circonstances. Si elle continue à adhérer sur le fer plongé dans l'eau, on trouverait une économie notable à l'employer pour les carènes des bâtiments en fer. Le kilogramme coûte environ 0 fr. 60, 10 centimes de moins que le minium et couvre autant de surface, savoir : 4 mètres pour une première couche, et 5 m. 80 pour une deuxième.

Le gris de zinc mélangé au siccatif seul dans la proportion de 1 kilog. pour 0 kil. 130, donne lieu à un mastic qui acquiert une certaine dureté lorsqu'on le laisse sécher à froid; mais il est loin d'avoir les qualités du mastic au minium. Par exemple, il ne peut servir à faire le joint du tuyau de vapeur d'une machine qui doit fonctionner aussitôt après.

En mélangeant un kilog. de gris avec 0 kil. 150 d'huile, on fait encore un mastic dont la bonté nous avait été vantée. Nous n'en avons obtenu que de mauvais résultats.

La peinture verte n'étant plus permise dans les arsenaux que pour les carènes en fer, nous avons employé principalement nos échantillons de verts à recouvrir des plaques de tôles qui ont été immergées dans la rade.

Ces verts n'ont pas besoin de siccatif; il suffit de les mélanger à l'huile sous le rapport de 1 kilog. à 0 kil. 430. Ils couvrent également bien le fer et le bois.

Le vert n° 1 a donné par kilog. sur tôle neuve 10 m. 9, pour une première couche, et 16 mètres pour une seconde sur bois de sapin neuf; les chiffres correspondants sont 6 mètres et 10 m. 50.

Cette peinture a une belle couleur; nous pouvons déjà dire qu'elle se comporte bien à l'air; mais il faut une plus longue expérience pour reconnaître si elle a dans l'eau de mer une adhérence suffisante et de l'efficacité contre les herbes et les coquillages. Son prix, qui nous aurait permis de la comparer au vert de Scheinfurtz, ne nous a pas été communiqué.

Bien que ces expériences n'aient encore qu'une courte durée, la Commission pense que les peintures de zinc, sans jouir d'une innocuité complète, doivent avoir sur la peinture de plomb un grand avantage de salubrité.

Elle reconnaît dès à présent : 1° que le blanc de neige pourrait remplacer le blanc d'argent dans les usages très restreints que la marine en fait; 2° que le blanc de zinc peut, sous les autres rapports de couleur, de prix et de durée, être substitué avec avantage à la céruse; 3° que le gris de zinc procurera de l'économie dans beaucoup de circonstances où l'on ne pouvait employer que le minium. Quant à son emploi et à celui des verts pour les carènes de fer, elle attend qu'une plus longue expérience lui permette de se prononcer.

Toulon, le 19 août 1850.

Les membres de la Commission,

Signé ; LEFROTTER DE LA GARENNE, *président;* JANVIER, AGARRAT, LEBOULEUR DE COURLON.

ANNEXE XV

ENQUÊTE

du Ministère des Travaux publics.

(19 décembre 1900).

Analyse du dossier communiqué au Ministère du Commerce.

Le Ministre des Travaux publics a adressé en 1901 une circulaire aux ingénieurs en chef des ponts et chaussées, tant des services spéciaux que des services ordinaires des départements pour les prier d'examiner, en se plaçant au point de vue purement technique, si le blanc de zinc pourrait être substitué sans inconvénient au blanc de céruse dans tous les travaux de peinture exécutés pour le compte de leurs services. M. le Ministre des Travaux publics a bien voulu communiquer à M. le Ministre le dossier de cette importante consultation dont les résultats généraux peuvent se résumer de la façon suivante :

Sur 113 rapports parvenus, dont 107 réponses fermes, on en trouve 73 absolument favorables à l'emploi exclusif du blanc de zinc, à l'intérieur comme à l'extérieur, tandis que 32 ingénieurs en chef proposent de l'adopter exclusivement à l'intérieur, mais de conserver la céruse à l'extérieur où son emploi offrirait moins de danger pour l'hygiène en même temps que sa solidité serait plus grande.

Deux rapports seulement sont tout à fait défavorables et considèrent la peinture au blanc de zinc comme plus chère et moins solide que la peinture à la céruse. Ils émanent de la Compagnie des chemins de fer du Nord et de l'ingénieur en chef du département du Nord.

Sur 75 réponses entièrement favorables à la substitution, en raison des avantages hygiéniques, il y en a 38 qui prévoient qu'elle nécessitera une augmentation des dépenses, les unes (20), parce qu'elles admettent que la peinture au blanc de zinc nécessite quatre couches contre trois de céruse pour « couvrir » également et par là coûte plus cher au mètre superficiel ; les autres (16), parce qu'elles pensent que la peinture au blanc de zinc doit être renouvelée après deux ans (à l'extérieur), là où la peinture à la céruse dure trois années (deux réponses ne sont pas motivées).

Au contraire, dix ingénieurs en chef considèrent que les deux peintures reviennent au même prix, et deux autres pensent que la peinture au blanc de zinc coûte moins cher que l'autre.

18 réponses combattent expressément le préjugé si répandu que le blanc de zinc ne « couvre » pas aussi bien que la céruse et indiquent les conditions d'emploi nécessaires pour qu'il « couvre » aussi bien et pour qu'il dure autant.

Plusieurs de ces réponses méritent d'être citées.

L'ingénieur en chef du contrôle du Midi fait connaître que le blanc de zinc a été exclusivement employé sur tous les ouvrages de la ligne du chemin de fer, entre Tournemire et le Vigan, sur tous les ouvrages métalliques, notamment ; le résultat a été excellent.

Pour l'ingénieur en chef de l'Aisne, la peinture au blanc de zinc bien exécutée résiste *mieux* que la céruse à l'action de l'air.

Pour l'ingénieur en chef du service maritime à Nice, le blanc de zinc vaut le blanc de céruse ; il est même généralement préféré. Il est adopté exclusivement pour l'entretien des bouées et balises.

Pour les ingénieurs du département des Hautes-Alpes, les peintures à base de blanc de zinc sont solides, durables, inaltérables et d'une inocuité complète ; leur emploi est aussi facile et pas plus coûteux que celui des peintures à la céruse, dont elles ont tous les avantages sans les dangers.

L'emploi du blanc de zinc en remplacement de la céruse n'a d'autre désavantage que de heurter de vieilles habitudes.

Pour l'ingénieur en chef de l'Ariège, c'est l'essence de térébenthine qui rend friable la peinture au blanc de zinc. Cette peinture doit être délayée à l'huile pure pour les travaux à l'extérieur. Le blanc de zinc a déjà été employé dans son service, à l'exclusion du blanc de plomb, pour diverses lignes de chemins de fer et a donné des résultats satisfaisants. Il est seul prescrit dans les devis des divers ouvrages métalliques qui sont à l'étude ou en voie de prochaines exécutions dans le service.

Pour l'ingénieur en chef du département de la Nièvre, « la peinture au blanc de zinc est supérieure comme *solidité* à la peinture au blanc de céruse, à cause de la quantité d'huile absorbée par le blanc de zinc que par le blanc de céruse (environ le double pour un même poids des deux corps). Elle couvre moins que la peinture au blanc de céruse, ce à quoi l'on remédie par une couche supplémentaire. On admet à ce point de vue que quatre couches au blanc de zinc équivalent à trois couches de céruse... En résumé, la peinture au blanc de zinc a des qualités qui doivent la faire préférer pour les travaux à l'intérieur et pour ceux à l'extérieur qui exigent du fini ; elle paraît d'autre part équivaloir à la peinture au blanc de céruse, dans les peintures qui ont pour objet, pour ainsi dire unique, la conservation des matériaux entrant dans les ouvrages, et pour lesquels l'uni des tons étant d'importance secondaire, la suppression de la couche supplémentaire rend à peu près égaux les prix des deux genres de peinture. »

L'ingénieur en chef du service maritime à Saint-Brieuc fait connaître que depuis trois ans l'emploi du blanc de zinc a remplacé celui du blanc de céruse dans presque tous les ouvrages du service maritime. Les résultats au point de vue technique doivent être considérés comme satisfaisants. Le seul écueil au début est une légère difficulté d'application, la peinture au blanc de zinc devant être tenue un peu plus épaisse que celle à la céruse, mais, convenablement préparé et appliqué, le blanc de zinc couvre aussi bien que la céruse et surtout pour les intérieurs, conserve mieux et plus longtemps son éclat.

Pour l'ingénieur en chef de la Dordogne le blanc de zinc arrive à couvrir autant que la céruse si l'on tient la teinte un peu moins liquide.

Même observation de l'ingénieur en chef de la Drôme ; le blanc de zinc est couramment employé dans sa région pour les travaux privés. « Il donne de bons résultats lorsque la couleur est employée épaisse et la proportion d'essence réduite au minimun. Ce serait cette condition d'emploi qui déterminerait pour beaucoup d'entrepreneurs la préférence pour le blanc de céruse qui s'étend plus facilement. »

L'ingénieur en chef de la Haute-Garonne écrit qu'il a été quelque peu surpris d'apprendre d'un entrepreneur de peinture très sérieux et très expérimenté de Toulouse qu'il n'est pas plus coûteux, à son avis, d'employer le blanc de zinc sans addition de litharge, bien entendu, que la céruse. Le tout est d'après lui de savoir bien préparer la peinture à base de zinc et d'en surveiller l'emploi. Il se faisait fort, en ce qui le concerne, d'exécuter des peintures d'aussi bonne qualité au zinc qu'au plomb et *vice versa* pour le même prix s'il lui en était fait la commande.

L'ingénieur en chef ajoute : « Si on emploie pas les peintures au blanc de zinc de préférence au blanc de céruse, cela tient en grande partie à ce que l'expérience de la peinture au zinc n'est pas complètement faite. La routine l'a empêchée d'être suffisamment étudiée de bonne foi... »

L'ingénieur en chef du Jura rappelle et renouvelle les conclusions présentées le 27 avril 1891 à la Commission des logements insalubres de la ville de Paris par M. Isidore Finance, ancien ouvrier peintre, actuellement sous-directeur de la Direction du Travail au Ministère du Commerce.

Comme cet auteur il considère que le blanc de zinc est aussi solide que la céruse et *couvre* aussi bien, à la condition de tenir la peinture un peu moins liquide. Il faut également, dans cette peinture, augmenter la proportion d'huile et réduire celle d'essence. Enfin une plus grande attention est nécessaire de la part de l'ouvrier pour égaliser la peinture au blanc de zinc que pour celle à la céruse.

Même appréciation par l'ingénieur en chef du département de l'Oise. Solidité égale avec plus d'huile et moins d'essence pour le blanc de zinc.

Pour l'ingénieur en chef de la navigation du Tarn, le blanc de zinc donne des peintures ayant plus de blancheur, acquérant plus de dureté en séchant, résistant beaucoup mieux à l'action destructive des émanations sulfureuses et étant, par suite, d'une plus longue durée. On peut aussi bien, avec le blanc de zinc, faire d'excellent mastic qui devient beaucoup plus dur que celui à la céruse.

Pour l'ingénieur ordinaire des chemins de fer à Nevers, la peinture au blanc de zinc couvre moins bien que la précédente; sa préparation et son emploi demandent plus de soin, mais faite par de bons ouvriers elle serait, d'après les renseignements recueillis, aussi résistante.

L'ingénieur ordinaire de la navigation à Rouen n'emploie plus que le blanc de zinc depuis trois ans dans le service des dragages en régie, pour l'entretien du matériel naval, notamment. Le blanc de zinc est employé exclusivement dans le service de balisage de l'estuaire de la Seine, pour la peinture des balises, bouées.

L'ingénieur en chef de la navigation à Lille a employé depuis quelque temps le blanc de zinc concurremment avec le blanc de céruse ; on a constaté que les peintures faites au blanc de zinc se conservaient très bien, même exposées à l'action directe de la mer comme dans le cas des peintures des fanaux des jetées du port de Calais..... Le blanc de zinc coûte un peu plus cher mais pèse moins lourd, et il en résulte qu'à poids égal il couvre une surface plus grande. Le prix de revient unitaire de la surface couverte se trouve ainsi sensiblement égal.

L'ingénieur en chef du Morbihan écrit que la substitution du blanc de zinc au blanc de céruse est déjà réalisée dans son service depuis quelques années et que les ingénieurs reconnaissent tous les avantages techniques de cette substitution :

« Les peintures au blanc de zinc ont bien tenu, elles ne se sont pas écaillées comme on le craignait d'abord sur la foi de certains auteurs, et elles jaunissent moins que celles à base de plomb. »

L'ingénieur du service maritime à Fécamp ne se sert plus que de blanc de zinc depuis quelque temps. Il a fait peindre notamment l'extrémité des musoirs en maçonnerie des jetées, et ces peintures n'ont plus besoin d'être renouvelées que tous les deux ans, au lieu de tous les ans avec la céruse. Il ajoute : « A Fécamp, dans les travaux particuliers, il est d'ailleurs d'usage depuis quelques années d'employer exclusivement le blanc de zinc pour les peintures *extérieures* des maisons ; celui-ci résiste mieux que la céruse aux intempéries. »

L'ingénieur de la navigation intérieure à Auxerre considère comme « absolument discutables » les reproches habituellement faits au blanc de zinc. Convenablement composée et appliquée la peinture au blanc de zinc doit être aussi solide et avoir autant de durée que celle à la céruse, car c'est l'huile qui, en séchant, donne à la peinture ses propriétés et sa résistance et celles-ci doivent, semble-t-il, être à peu près indépendantes de la matière employée pour rendre l'huile plus siccative, que ce soit la céruse ou le blanc de zinc.

« Il n'est donc pas certain qu'en opérant bien on soit obligé d'employer avec le blanc de zinc une couche de peinture de plus qu'avec la céruse, et il n'y aurait dès lors aucune économie à employer cette dernière, la couche de peinture coûtant le même prix avec les deux matières. »

L'ingénieur en chef du service maritime à Bordeaux emploie le blanc de zinc à l'intérieur et à l'extérieur dans les phares.

L'ingénieur en chef du service maritime à Bayonne emploie exclusivement le blanc de zinc depuis plusieurs années pour la peinture des phares, musoirs de digues, bouées et autres ouvrages battus par les flots ou voisins de la mer et il le prescrit exclusivement dans ses derniers devis, pour les travaux à terre comme ceux du chemin de fer.

Dans le service maritime du Pas-de-Calais, on emploie universellement la peinture au blanc de zinc. La peinture est solide, de bel aspect et supporte des lavages répétés sans altération.

L'ingénieur en chef de la Manche à Saint-Lô, après une appréciation générale très favorable au blanc de zinc, même à l'*extérieur*, signale une expérience comparative qui présente un grand intérêt. A la suite de malaises éprouvés par des ouvriers dans l'emploi de la céruse, des essais comparatifs ont été exécutés à Granville, en 1895, pour la peinture intérieure des portes amont de l'écluse, et on a employé le blanc de zinc et la céruse respectivement sur deux panneaux.

« Deux ans après on a constaté que le blanc de zinc ne laissait au frottement aucune trace sur la main, alors que la céruse s'y déposait en couche blanche ; il était manifeste que le blanc de zinc était plus solide et plus fixe. »

Depuis cette époque, le blanc de zinc est couramment employé dans les travaux du port de Granville et continue à y donner de bons résultats.

Dans le service des phares la substitution est réalisée depuis 1875. D'après la déclaration du directeur des phares cette substitution n'a pas révélé d'inconvénients dans la pratique.

ANNEXE XVI

Conférence du docteur J.-V. Laborde faite le 13 janvier 1901, sous la présidence de M. Paul Brouardel.

PREMIÈRE PARTIE

I. — **Programme** : *Le mécanisme de l'empoisonnement. — L'étude expérimentale rapprochée de l'étude sur le malade. — La leçon de choses.*

Mon programme serait d'avance et facilement tracé, si je me contentais de suivre les sentiers battus, et répéter ici les notions acquises et devenues classiques, sur l'empoisonnement par le plomb.

Mais, penétré de la pensée et du désir, ainsi que je viens de le dire, de donner à la démonstration l'éclatante, l'irrésistible évidence dont elle a besoin pour commander et imposer les résolutions radicales, d'ordre prohibitif qu'elle exige, je me propose d'apporter, ici, des preuves nouvelles, tirées surtout de l'*expérimentation :* celles qui, en réalisant la démonstration *objective*, la véritable *leçon de choses*, emportent, avec elles, et déterminent la compréhension et la conviction les plus complètes, les plus profondes, même pour les yeux et les esprits les plus incompétents.

Je m'attacherai, pour cela, et tout particulièrement, à l'étude du *mécanisme* de l'action du poison sur l'organisme animal et humain; mécanisme d'où se déduisent, tout naturellement, et de façon à faire mieux saisir, en les expliquant dans leur nature et leur gravité, les accidents qui constituent l'empoisonnement; lequel, il est permis de l'affirmer d'avance et je vais le démontrer, n'a pas été révélé et n'est pas connu, malgré tout ce que l'on en a dit et tout ce que l'on en sait, dans toute la plénitude de son fatal et terrible réalisme.

Je présenterai, d'ailleurs, cet exposé en le débarassant, autant que possible, des termes et des détails techniques, de nature à lui enlever de la clarté vulgarisatrice que je tiens, avant tout (mes efforts vont s'y appliquer), à lui conserver.

Ces préliminaires indispensables posés, je dois dire, tout d'abord, quelques mots du poison lui-même, c'est-à-dire de la *substance chimique* qui le constitue.

II. — *La Substance chimique. — Le poison. — Les composés ou Sels de plomb ou de Saturne. — Le Carbonate de plomb ou céruse. — Blanc de céruse. — Blanc d'argent — Blanc de Clichy. — Préparation industrielle. — Ses dangers à la source. — Préparation et emploi dans la peinture.*

Le plomb est le métal que vous connaissez; il a été considéré, primitivement, comme le générateur, le père des autres métaux; ce qui lui a valu, par assimilation mythologique, le nom de *Saturne*, le Père-Dieu Universel, qui dévorait ses enfants; assimilation qui, au point de vue des méfaits paternels, ne manque pas de vérité divinatoire, quand on songe aux résultats mortels, *dévorants*, du *poison plombique*, sur les professionnels qui en font usage.

Quoi qu'il en soit, c'est du nom de *Saturne* appliqué au plomb et à ses composés ou sels chimiques, que vient la désignation d'empoisonnement *saturnin*, d'*intoxication saturnine*, que l'on emploie d'habitude, et que vous m'entendrez employer au cours de cette causerie.

Très nombreux sont ces composés, sels de plomb ou sels de saturne, qu'il serait trop long et d'ailleurs inutile pour mon objet, d'énumérer ici; me contentant, ce qui va nous suffire, d'aller droit à celui qui doit principalement nous occuper, et qui constitue le vrai *corps du délit*, le coupable et responsable, dans l'usage professionnel prédominant où il intervient, la *peinture en bâtiment*.

J'ai nommé le *carbonate de plomb*, combinaison chimique de l'acide carbonique avec l'oxyde de plomb; autrement dit et pour l'appeler de son nom vulgaire et bien connu, trop connu, la *céruse*, le *blanc de céruse*, le *blanc d'argent*, toutes expressions qui représentent sa couleur; et aussi *blanc de Clichy*, pour rappeler une de ses principales provenances industrielles.

C'est surtout cette provenance et la préparation *industrielle* qui, au point de vue auquel nous avons à nous placer, nous intéressent et doivent, tout d'abord, nous préoccuper, attendu qu'il y a là, ou pour parler, aujourd'hui plus exactement, qu'il y avait, autrefois, à l'origine, à la source même de la préparation du produit industriel, un premier et grave danger, un danger préjudiciel, pour ainsi dire, pour l'ouvrier, le manœuvre occupés à cette préparation.

L'emploi pratique du *blanc de céruse* exige, en effet, la pulvérulence, la réduction en fine poussière, du produit qui se présente, d'abord comme je le montre ici, sous la forme compacte de pains, qu'il s'agit de pulvériser, de *broyer*, selon le terme du métier; c'est cette opération du *broiement*, nécessaire et inévitable pour rendre le produit commercial ou usuel, qui constitue, à l'origine de la fabrication, le péril essentiel, car elle réalise une fine poussière qui, en se disséminant dans l'air ambiant, devient nécessairement comme celui-ci, respirable et absorbable par le manœuvre préposé à cette préparation ; en sorte qu'un double danger d'empoisonnement s'attache à la substance en question; le danger originel, primordial, de la fabrication industrielle; et le danger de l'emploi professionnel.

Le premier, je l'ai déjà fait pressentir, est à peu près conjuré; je dirai, ultérieurement, par quels moyens et dans quelle mesure; mais le second n'en persiste pas moins avec tous ses caractères d'inévitable gravité.

Il convient d'ajouter, dès à présent, c'est là un des points les plus importants, il est permis de dire capital, dans l'examen des conditions les plus favorables à la genèse, à la production et à la gravité de l'empoisonnement, — que l'état *pulvérulent*, l'état de *poussière*, nécessité pour l'emploi de la céruse, état qu'elle conserve, de façon en quelque sorte latente, à la suite de l'incorporation à l'huile (huile de lin), et à un siccatif approprié pour former la *peinture*, que cet état, dis-je, est la cause efficiente de l'introduction du poison dans l'organisme, et conséquemment, de ses méfaits.

J'insisterai bientôt, au moment opportun, sur les circonstances relevant de certaines opérations indispensables de la pratique de la peinture à base de plomb, c'est-à-dire de céruse, notamment le *ponçage* et le *grattage* qui réalisent, en la remettant pour ainsi dire à nu et en dissémination dans l'atmosphère, l'absorption intensive de la poussière toxique.

Qu'il me suffise d'avoir posé les bases de cette étude, en en faisant connaître les éléments essentiels auxquels j'ai à aujouter, en le signalant simplement, un autre ingrédient de la formation de la peinture et du mastic, qui joue, pour sa part, un certain rôle, non sans importance, quoique accessoire, dans l'empoisonnement : je veux parler de l'*essence de térébenthine*, qui intervient surtout dans ce qu'on appelle la peinture *mate*.

J'arrive à notre étude capitale, celle qui doit nous conduire aux déductions impliquant les mesures pratiques de la plus impérieuse et pressante urgence :

L'étude de l'*action* du poison sur l'organisme envisagée surtout dans son *mécanisme intime*.

III. — *L'action élective du poison sur l'organisme. — Sa fixation sur les éléments organiques. — Mécanisme des troubles fonctionnels consécutifs et des infirmités acquises. — Démonstrations sur l'animal et sur l'homme.*

A. — La nocuité, le danger du plomb et de ses dérivés, dans leur action sur l'organisme humain ont été connus de tout temps ; mais la connaissance et l'appréciation réelles, systématisées, datent surtout du moment où des médecins, c'est-à-dire des observateurs compétents et des savants qualifiés, ont fixé leur attention et leurs recherches sur cette question, devenue de haute importance en hygiène sociale et professionnelle, à la suite des grandes applications industrielles des composés plombiques, notamment à la peinture ; sans compter les dangers que l'intervention de ces derniers peuvent faire courir, en général, à la santé publique et privée, en dehors des nombreux corps de métier qu'ils desservent et alimentent.

Ne pouvant citer ici la longue liste des auteurs, plus ou moins illustres, qui ont apporté à cette étude un tribut dont les résultats touchent enfin, et trop tardivement, à la maturité qui impose les résolutions suprêmes de cette sorte, il me suffira de rappeler deux noms qui personnifient, dans le passé, les deux principales étapes et les plus remarquables, de l'évolution utilitaire de cette question :

L'un des premiers, en date, parmi les grands savants du XVIIIe siècle, le chimiste *Guyton de Morceau*, le collaborateur de Lavoisier, qui, dès 1758, non seulement signalait les dangers et les graves méfaits du plomb, et en particulier de la céruse, mais encore proposait, en précurseur des mieux inspirés et resté néanmoins, sans être écouté, près d'un demi-siècle, *l'oxyde de zinc*, substance dénuée de tout danger, pour remplacer le terrible poison plombique ;

L'autre, un médecin celui-là, dont le nom mérite d'être inscrit, avec la reconnaissance qu'il inspire, au livre d'or des bienfaiteurs de l'humanité, c'est le docteur *Tanquerel des Planches*, qui a consacré ses travaux et sa vie à l'étude de l'intoxication saturnine, et qui a composé, sur ce sujet, et publié un livre que sa haute valeur, autant que sa priorité de date, ont rendu classique et incomparable en son genre.

J'aurai l'occasion, chemin faisant, de compléter, par des citations appropriées, la liste des travaux dont je ne pouvais que rappeler, ici, les plus illustres origine

B. — Si j'avais à m'occuper de tous les corps de métiers actuellement exposés aux accidents de l'*empoisonnement saturnin*, et qui lui payent un tribut plus ou moins grave, mais fatal et inévitable, j'aurais à vous en énumérer environ 88... depuis les *fondeurs*, *verriers*, *chaudronniers*, *étameurs*, *typographes*, *vernisseurs*, etc., etc., jusqu'aux *peintres du bâtiment*, que je me propose de viser tout particulièrement dans cette étude, pour deux raisons capitales :

La première, c'est qu'ils constituent, sans contredit, les victimes les plus nombreuses en même temps que les plus gravement atteintes, d'habitude, par le poison ; la seconde, c'est que l'initiative des essais du remplacement du *blanc de céruse* par le *blanc de zinc* appartient à un ouvrier de cette corporation, dont l'intelligence, le zèle, le dévouement à toute épreuve, à cette cause, profondément humanitaire, méritent toujours d'être rappelés avec le respect et l'admiration qu'ils inspirent : j'ai nommé, encore une fois, *Jean Leclaire*, dont les premières expériences pratiques ont reçu l'éclatante confirmation de toutes celles qui ont été entreprises et répétées à son exemple.

D'ailleurs, nous allons trouver dans la pratique de la *peinture en bâtiment* et dans ses diverses variétés un terrain des plus favorables à l'étude du mécanisme de l'empoisonnement, auquel, je l'ai déjà annoncé, je vais surtout m'attacher.

C. — Ce mécanisme, qui réside essentiellement dans les conditions d'absorption du poison, doit être considéré, d'une part, du côté de la *substance* elle-même, et, de l'autre, du côté du *sujet*, c'est-à-dire de l'organisme.

1° Du côté de la *substance chimique* c'est, ainsi que je l'ai déjà fait remarquer, son état pulvérulent, ou de poussière plus ou moins fine et divisée, qui constitue la condition fondamentale de son introduction dans l'organisme ; et les deux opérations qui exposent l'ouvrier, en y présidant, essentiellement, à cette introduction sont le *ponçage* et le *grattage*.

Je n'ai pas besoin de décrire ces dangereuses opérations, source principale et inévitable (car elles sont indispensables dans la réalisation professionnelle dont il s'agit) devant le public qui me fait l'honneur de m'écouter, composé, en grande partie, de professionnels de la peinture, qui ne savent que trop en quoi elles consistent, puisqu'ils en sont les victimes.

Et ce ne sont pas seulement les ouvriers, obligés de les pratiquer, qui sont exposés à les recevoir, il est vrai, de première main, et à les absorber ; ce sont aussi, il importe, d'autant plus de le dire que l'on ne s'en est pas, à mon avis, suffisamment préoccupé dans les dangers de la peinture au blanc de céruse, ce sont aussi les personnes auxquelles sont destinés, comme habitants, les appartements nouvellement restaurés, dans lesquels les poussières plombiques des vieux murs ou des vieilles boiseries, dégagées ou disséminées par le grattage et le ponçage restent plus ou moins attachés à demeure dans les coins et les réduits, et peuvent, ensuite, à l'occasion, plus ou moins opportune, telle que les soins habituels du ménage, être remis en liberté, et se prêter à l'absorption. Je n'émets point là une hypothèse ; car, des accidents d'intoxication saturnine ont été, en réalité, observés dans les conditions que je signale, et je pourrais citer, entre autres, le cas d'accidents graves de cette nature déterminés chez des enfants exposés à l'absorption de poussière de céruse, à la suite du grattage de vieilles peintures.

Il existe, d'ailleurs, pour ces opérations déjà et foncièrement dangereuses par elles-mêmes, des conditions accidentelles particulièrement aggravantes : c'est ainsi, pour en citer un exemple tout récent et des plus frappants, que ceux qui, comme nous, ont visité les chantiers et les travaux préparatoires de la dernière Exposition universelle, ont pu voir, dans la Galerie des machines, les ouvriers occupés à la réfection des peintures, des arceaux et des armatures des plafonds métalliques, obligés de se tenir en l'air, suspendus et accrochés d'une main, tandis que l'autre maniait le grattoir, la pierre ponce et le badigeon ; dans cette posture forcée, la tête renversée et la face en haut, ils étaient exposés à recevoir, et ils recevaient effectivement, en pleine figure, et par conséquent par le nez et par la bouche, une véritable pluie de poussière toxique : il eût été curieux, au point de vue des résultats accidentels d'une aggravation probable issue de ces conditions de travail, surtout s'il s'agissait de peinture au blanc de céruse, de soumettre à une enquête médicale les ouvriers employés à ces travaux.

Quoi qu'il en soit de ces circonstances plus ou moins exceptionnelles, que j'ai tenu à signaler pour bien montrer la part qui peut revenir à la pratique elle-même, dans ses diverses modalités, dans le mécanisme de l'empoisonnement, il demeure certain et constant que la source, l'origine essentielle des accidents professionnels dont il s'agit, résident dans les opérations du *ponçage* et du *grattage*, et que nous allons toujours les retrouver à la base, pour ainsi dire, de la détermination génératrice et caractéristique de ces accidents.

Il convient d'ajouter à ces conditions originelles, fondamentales, l'intervention adjuvante dans une mesure, dont j'essayerai ultérieurement de marquer les limites, de l'*huile essentielle de térébenthine*, employée surtout pour la peinture dite mate. Il existe, en effet, à cet égard, dans l'esprit de la plupart des ouvriers peintres, un préjugé ou tout au moins une exagération qui les porte à croire que l'*essence* joue un rôle capital dans les accidents auxquels ils sont sujets, notamment du côté de la *tête* : nous allons voir que s'il y a lieu de tenir compte, dans une certaine mesure, de l'action possible des émanations plus ou moins intensives, dans des cas déterminés, de l'essence de térébenthine, c'est assurément faire erreur que de leur attribuer l'influence capitale en question ; et en matière d'essence il est à craindre, pour le dire dès à présent, car nous aurons à y insister plus tard d'une façon particulière et trop justifiée, il est à craindre, dis-je, que, sans s'en douter, lesdits ouvriers ne fassent à leur préjudice une confusion des plus graves dans cette appréciation : la confusion de l'essence de térébenthine avec une autre *essence*, dont ils font un usage habituel plus ou moins immodéré, mais toujours et quel qu'il soit, d'autant plus dangereux pour eux qu'il aggrave singulièrement, ainsi que je le montrerai, les dangers même de l'intoxication plombique : j'ai nommé et vous avez deviné l'*absinthe*, la terrible absinthe que vous n'êtes pas éloignés, dans votre fatal aveuglement à ce sujet, de considérer comme le contre-poison, tandis qu'en réalité, il s'ajoute à l'autre pour le rendre plus efficace en son action, c'est-à-dire plus actif et plus mortel !

2° Du côté du *sujet*, autrement dit de l'*organisme*, nous avons à considérer une double voie de pénétration et d'absorption principale du poison.

La voie *respiratoire* et la voie *digestive*.

Ce sont là, sans contredit, les deux portes d'entrée essentielles ; et si l'on en a ajouté une troisième, la surface *cutanée*, c'est en raison des contacts apparents, plus ou moins fréquents, multipliés et étendus avec la peau, soit de certains ingrédients, tels que les *mastics d'enduisage ;* soit des poussières elles-mêmes, à la suite des opérations du ponçage et du grattage.

Que la peau intervienne, comme facteur possible de l'introduction du poison dans l'économie, dans certaines conditions physiologiques accidentelles, la chose n'est pas douteuse, et j'essaierai de déterminer ces conditions; mais il m'importait de poser, dès à présent, à ce propos, certaines réserves que je ne vais pas tarder à justifier.

Voyons d'abord la voie d'absorption par le *tube digestif :* si je commence par celle-ci, ce n'est pas qu'elle doive être, selon moi, considérée comme plus efficiente que la voie *respiratoire* des accidents toxiques, que nous allons voir se produire; mais ce sont les accidents fonctionnels du côté des organes digestifs, gastro-intestinaux qui semblent avoir la priorité dans la succession des phénomènes : c'est, en effet, la *colique de plomb*, la trop fameuse colique, qui ouvre, d'habitude, le cortège.

I. — En pénétrant, soit par le nez, soit par la bouche, celle-ci étant le premier aboutissant, le premier réceptacle de la pénétration, si bien qu'il est permis de dire qu'on en *mange*, le *blanc de céruse*, carbonate de plomb, d'ordinaire sous forme pulvérulente, est porté et arrive, plus ou moins rapidement, et en plus ou moins grande quantité dans l'*estomac*, et là, notez-le bien, il trouve immédiatement l'une des conditions les plus favorables, disons la plus favorable à sa *dissolution*, c'est-à-dire son passage, sa transformation de l'état solide (poussière) à l'état *liquide*, lequel est nécessaire pour l'absorption effective, physiologique de la substance par les vaisseaux sanguins, et son entrée dans ces derniers au contact du sang en circulation, qui le transporte dans toute l'économie, dans tous les organes, où il va exercer son action, ses ravages de *poison*.

Cette condition particulièrement efficace, c'est l'*acidité* des sucs de l'estomac, notamment du suc *gastrique*. Le véritable suc fonctionnel, digestif de l'organe. La céruse, en effet, ou carbonate de plomb, n'est *soluble* qu'à la faveur des *acides* ; il n'est pas soluble dans l'eau pure, c'est pourquoi l'*acidité* normale de l'estomac, qui peut même être accrue dans certaines conditions accidentelles, notamment et pour signaler de suite celle-là, à raison de son importance et de sa gravité adjuvante, celle de l'*alcoolisme* et de l'*absinthisme;* cette acidité, dis-je, est là, comme une circonstance naturelle, toute préparée pour faire subir au poison involontairement ingéré la modification, encore une fois, la plus favorable à son absorption et à son action.

Mais, de plus, et avant même que cette absorption et cette action se généralisent, il se produit un effet local, plus ou moins immédiat, sur les organes avec lesquels il se trouve en contact direct : notamment la surface interne du tube gastro-intestinal, c'est-à-dire de l'estomac et des intestins ; effet, surtout d'ordre irritatif, dont l'expression, la manifestation essentielles sont la *douleur :* douleur spéciale, caractéristique, qui constitue, pour ces organes, la *colique;* mais ici une colique spéciale, spécifique, tant par ses caractères douloureux que par son intensité :

La *colique de plomb*, pour l'appeler de son vrai nom ;

La colique de *miserere* (ayez pitié de moi), pour en caractériser la forme horriblement douloureuse.

Il faut avoir assisté aux manifestations de cet état douloureux du ventre, quand on ne l'a pas éprouvé soi-même, ce qui est encore autrement démonstratif, pour s'en faire une aussi juste idée qu'il est possible par le spectable, profondément pénible, du pauvre patient, courbé en deux sur son ventre, qu'il cherche à comprimer pour atténuer ses souffrances; des cris de douleur continus, déchirants... justifiant bien le terme de *miserere* qui leur est appliqué : pour rendre compte de ce qu'ils éprouvent, les malades disent, dans leurs comparaisons plus ou moins imagées, qu'ils sentent « comme si on leur tordait les boyaux »; ou bien « comme si des corps étrangers, des boules de plomb cheminaient, en forçant le passage, dans leur ventre ».

Quand on songe que ces horribles souffrances sur lesquelles il y avait lieu d'insister, à ce point de vue, qui suffirait pour justifier la *prohibition* du poison qui le provoque ; quand on songe qu'elles sont le résultat fatal, inévitable, du travail professionnel obligatoire pour l'ouvrier, puisqu'il est son gagne-pain, n'est-on pas autorisé, je le demande, à faire peser de tout son poids la responsabilité sociale et gouvernementale sur ceux qui l'assument, en laissant se perpétuer, avec une indifférence d'autant plus coupable qu'elle devrait céder à la pitié, de pareilles situations?

Et ce n'est encore là que le début, l'entrée en scène des accidents qui vont se dérouler progressivement, et pour ainsi dire systématiquement, au cours de l'empoisonnement en train.

A l'affreuse colique succède, ou plutôt coïncide avec elle, une *constipation* tellement opiniâtre qu'il a fallu inventer un purgatif particulier, d'une énergie d'action exceptionnelle, vrai « remède de cheval », comme on dit vulgairement : *le purgatif ou le traitement de la Charité*, du nom de l'hôpital qui a eu, autrefois surtout, le privilège spécial de donner asile aux peintres atteints de ces accidents toxiques, et pour lesquels ce traitement a été institué.

C'est à une véritable paralysie, portant à la fois sur le système nerveux qui préside aux mouvements des intestins, et sur les fibres musculaires de ces derniers, que sont dus ce défaut, cet arrêt, presque complets, du fonctionnement de ces organes, dont la constipation si rebelle est l'expression.

Mais à cette cause intime, il faut ajouter l'influence exercée par le poison sur les fonctions des organes-annexes du système digestif, en particulier du *foie*, dont la sécrétion *biliaire* plus ou moins empêchée et tarie n'apporte plus son concours normal, nécessaire à l'accomplissement de la fonction intestinale : c'est ce dont témoigne la décoloration des matières fécales qui se présentent d'habitude, en ce cas, avec la dureté et la blancheur de morceaux de plâtre.

Il est à peine besoin de faire remarquer qu'à la suite de cette action du poison sur les organes digestifs, l'appétit se perd, un profond embarras gastrique se produit; seule l'alimentation liquide, au bouillon et au lait (celui-ci étant le mieux approprié) est possible ; les forces déclinent, l'amaigrissement survient, et en même temps une coloration particulière, jaunâtre, de la peau, visible surtout sur la peau de la face, qui dénote ce que les médecins appellent l'état *cachectique*, lequel s'accentue au fur et à mesure des progrès de l'empoisonnement.

Car, il est rare que ce début se réduise à une seule *colique :* il en peut survenir, et il en survient, d'habitude, successivement plusieurs, à la reprise du travail, et d'une absorption nouvelle du toxique; mais il advient, et je vous en montrerai tout à l'heure des exemples, qu'après deux, trois coliques caractéristiques, celles-ci ne se reproduisent plus au cours de l'empoisonnement, qui suit, néanmoins, sa marche, en revêtant ses formes consécutives, même les plus graves : forme *paralytique*, encéphalopathique ou *cérébrale, rénale*, etc.; il semble que par les premières atteintes, du côté des organes digestifs, les malades aient été *vaccinés* de ce côté, ce qui ne les empêche pas, ainsi que je viens de le dire, de payer leur tribut, un tribut fatal, par les autres et multiples côtés.

Il peut même arriver, bien que ce fait soit d'une exceptionnelle rareté, que, grâce à une prédisposition individuelle, le sujet échappe complétement à la *colique* primitive, et à tout accident appréciable dans la sphère des organes disgestifs, tout en éprouvant d'autres atteintes caractéristiques, dans l'évolution de l'empoisonnement, en particulier la paralysie des membres supérieurs, que j'aurai bientôt à vous décrire sous le nom de *Paralysie des extenseurs.*

Vous allez en avoir, incessamment, sous les yeux, un témoignage vivant, qui semble emprunter sa raison d'être à l'*hérédité* dans une famille de peintres, de père en fils.

Quoi qu'il en soit, les signes de douleur intensive qui sont le prélude habituel des accidents toxiques, du côté du ventre, et qui caractérisent la *colique de plomb*, sont aussi déterminés et se rencontrent, constamment, chez les animaux auxquels on fait, expérimentalement, absorber de la *céruse* dans un liquide neutre; le chien, en particulier, manifeste ces signes d'une façon évidente; le vomissement est également, chez lui, l'accompagnement obligé de l'ingestion même de très faibles doses du poison (10 à 20 centigrammes); puis, la constipation, le durcissement et la décoloration des matières fécales; l'inappétence, la dénutrition et l'amaigrissement, sans compter, dans l'évolution progressive de la maladie toxique provoquée, les accidents d'ordre nerveux prédominants, notamment : les hallucinations terrifiantes avec impulsion à mordre, le tremblement, les convulsions épileptiformes, la paralysie (surtout du train postérieur), finalement la mort à plus ou moins brève échéance.

Voici un de nos sujets d'expérience, dont je ne puis que vous présenter le cadavre, car il a succombé cette nuit, après avoir été le siège, au maximum, il est permis de le dire, de la série des symptômes que je viens d'énumérer, et que je regrette de ne pouvoir vous faire constater, comme il eût été facile de le faire hier encore; vous pouvez, tout au moins, par l'amaigrissement squelettique de son corps, juger du degré extrême de dénutrition auquel mène fatalement, dans les conditions dont il s'agit, l'empoisonnement plombique.

On peut également observer chez le sujet d'expérimentation, comme sur toute victime humaine de l'intoxication saturnine, du côté de la bouche, un signe local, qui est comme le cachet, la signature organiques, constants et inévitables, de l'absorption du poison : je veux parler du *liseré gengival*, dont la mention trouve, ici, plus opportunément sa place, à côté de celle qui vient d'être faite des phénomènes plus particulièrement attribuables à l'action de la céruse sur le tube digestif; il suffit de soulever les lèvres d'un ouvrier peintre qui a déjà et suffisamment éprouvé cette action, pour apercevoir sur les gencives, à la base des dents, cette marque plus ou moins foncée, noirâtre, ce *liseré caractéristique*, accusateur de l'empoisonnement professionnel qui, par l'altération qu'il engendre dans les tissus où il siège, exerce, pour sa propre part, une influence morbide, non indifférente, sur le système dentaire et sur ses fonctions, de première importance digestive.

Que l'intervention et l'introduction dans l'organisme du poison plombique soient la cause réelle de la lésion localisée dont il s'agit, cela ne saurait faire l'ombre d'un doute ; mais, losrqu'on veut pénétrer la raison intime du phénomène, notamment la cause véritable de la coloration des tissus, on éprouve quelques difficultés : serait-ce la présence matérielle des particules de *céruse* dans les tissus? Bien que cette présence ne soit pas contestable, car elle est décelée par l'analyse chimique (analyse sur laquelle je vais avoir à revenir et à insister à propos des autres organes), la quantité de la substance déposée ne semble pas être suffisante pour expliquer, surtout dans son habituelle intensité, la coloration du liseré.

Cette explication se trouverait plutôt et plus logiquement, à mon avis, dans ce fait que dans la bouche, comme dans les autres cavités et parties du tube digestif, il se forme constamment et se dégage du gaz sulfureux (hydrogène sulfuré, acide sulphydrique), dont l'action sur tout composé de plomb est carastéristique et rapide, donnant naissance au *sulfure noir de plomb.*

Quoi qu'il en soit de l'explication, la modification locale du tissu des gencives, appelé, de son nom vulgaire et bien connu, *liseré gengival*, *liseré plombique*, existe constamment chez l'ouvrier peintre déjà imprégné et en puissance du toxique, de façon à constituer, je le répète, un signe professionnel caractéristique; en même temps qu'il compromet, par la lésion qu'il détermine et selon son intensité, la dentition du malade et l'importante fonction digestive que gouverne cette dernière : la *mastication des aliments.*

II. — Nous arrivons, maintenant, à la seconde voie de pénétration et d'absorption du poison, la *voie respiratoire*, et qu'elle qu'ait été, ainsi que nous venons de le voir, la part réelle, d'importance indéniable, de la porte d'entrée par le *tube digestif*, nous allons la trouver plus importante encore, plus dangereuse et plus grave, en ses conséquences déterminantes, du côté des organes *respiratoires.*

Ici, en effet, les conditions d'introduction et d'absorption de la *poussière toxique* s'offrent avec une gravité toute particulière, relevant, d'une part, de l'action *locale irritative* exercée sur le tissu si impressionnable des organes respiratoires, les poumons, et des suites immédiates et plus ou moins éloignées de cette action ;

Et d'autre part, de la pénétration du poison dans le sang en circulation, pénétration singulièrement favorisée par la large surface d'absorption vasculaire, avec laquelle la *céruse* aspirée se trouve en contact dans les poumons, ainsi que vous pouvez en juger par la *planche murale*, que je mets sous vos yeux.

Dans le premier cas, la substance chimique détermine directement, sur le tissu organique, des altérations plus ou moins profondes et plus ou moins rapides, selon la quantité ou l'intensité de son introduction.

Dans le second, simultanément, d'ailleurs, et solidairement, son absorption par les vaisseaux et son arrivée au contact du sang, tout en amenant, aussi, certaines altérations des éléments de ce dernier, entraîne, par son transport dans tout l'organisme, les symptômes généraux multiples et caractéristiques de l'empoisonnement.

1° En ce qui concerne les altérations *locales* déterminées par le contact direct des particules du poison avec le tissu pulmonaire, il m'est permis d'affirmer, d'après les résultats d'expériences réalisées sur des animaux qui constituent des réactifs très sensibles à l'intoxication, que ces altérations n'ont pas été, jusqu'à présent, connues et appréciées dans toute leur réalité, et que, par suite, l'on ne s'est pas fait une suffisante et juste idée de l'action purement *irritative*, désorganisatrice, qui appartient au carbonate de plomb ou céruse en fine poussière.

Lorsque l'on place les animaux en question (cobayes ou cochons d'Inde) dans des conditions d'introduction, par voie *respiratoire* (celle que nous considérons, actuellement, d'une façon spéciale), de la *céruse* en fine poussière; conditions absolument identiques à la rapidité et à l'intensité de l'absorption par celles que réalisent, surtout, les opérations du *grattage* et du *ponçage*, pour le peintre en bâtiment, grâce au dispositif très simple que vous avez sous les yeux, sur cette table (1), voici ce que l'on constate et que vous pouvez constater vous-mêmes sur ce sujet en expérience :

Blotti et ramassé sur lui-même, il est dans un état d'anhélation extrême, qui dénote une atteinte profonde des organes respiratoires.

Si l'expérience est continuée, sans désemparer, dans ces conditions de distribution intensive du poison, l'animal ne tarde pas à succomber, dans le temps moyen de 1 à 2 heures, aux accidents asphyxiques qui se manifestent rapidement, dès le début, et amènent fatalement la mort.

L'examen des poumons pratiqué sur l'animal qui vient de succomber, en cet état, permet de constater, ainsi que le montrent les organes que je place sous les yeux de mes voisins, surtout sous les yeux compétents de M. le Président Brouardel, des altérations très

(1) Ce dispositif consiste à faire arriver dans une cloche, avec tubulure et prise d'air extérieur, un courant de poussière de céruse plus ou moins activé soit par le vide opéré (à l'aide d'une pompe à eau), dans le flacon contenant la poussière toxique, soit par un soufflet; l'animal se trouve, de la sorte, plongé dans un milieu constamment imprégné de la poussière toxique, qu'il respire et avale en plus ou moins grande quantité.

étendues du tissu pulmonaire, caractérisées par une violente congestion, de larges taches sanguines (ecchymoses, apoplexie), altérations constantes, se reproduisant toujours dans les mêmes conditions, et qui fournissent clairement la raison des phénomènes asphyxiques rapidement mortels.

Si, au lieu de réaliser ces conditions intensives et continues de l'absorption de la poussière toxique sur l'animal, l'on soumet celui-ci à de courtes séances de séjour et de respiration sous la cloche, en ménageant l'envoi et par conséquent la dose de la poussière de *céruse*, l'animal remis dans sa cage ne paraît pas, tout d'abord, sensiblement affecté des premières séances ; mais bientôt, et au fur et à mesure qu'elles se multiplient, son aspect et son attitude se modifient : il devient triste, perd de sa vivacité habituelle, se blottit dans un coin, ne mange plus, pousse de petits cris plaintifs, maigrit, perd ses mouvements et sa sensibilité (surtout ceux du train postérieur) ; sa respiration s'accélère, devient de plus en plus difficultueuse et finit par aboutir, comme précédemment, mais à une échéance un peu plus éloignée, en raison des conditions nouvelles de l'expérience, aux phénomènes asphyxiques qui entraînent la mort.

On trouve, à l'autopsie, les mêmes altérations des organes respiratoires, lesquelles, par cela même qu'elles ont été plus lentes à se produire, sont plus profondes, plus adhérentes en quelque sorte dans les points multiples, où elles tendent à se localiser.

Si j'y insiste, c'est qu'elles sont, je le répète, l'expression d'une action irritative locale, en quelque sorte mécanique de la poussière toxique, qui ne me semble pas avoir été, jusqu'à présent, appréciée dans toute et sa vraie réalité, et par suite dans ses conséquences et son rôle pathogéniques, relativement aux affections consécutives des poumons et du cœur (affections cardio-pulmonaires) chez les peintres en bâtiment ; notamment et en particulier la *tuberculose*, qui trouve là, sans nul doute, un terrain de préparation et d'évolution des plus propices ; car il ne faut pas oublier, à ce propos, et j'aurai l'occasion de le redire, que 20 0/0 au moins des empoisonnés par la céruse payent leur tribut de mortalité à la tuberculose.

Nous allons voir, d'ailleurs, incessamment, qu'en décelant au sein du tissu pulmonaire et du cœur la présence du plomb qui s'y est déposé, à la suite de son introduction par les voies respiratoires, l'analyse chimique vient confirmer le mécanisme de l'influence locale *irritative* de la substance et de la production des graves altérations organiques qui s'ensuivent.

Ce qui n'empêche pas, en même temps, grâce à une large surface vasculaire d'absorption, le passage du poison dans l'intérieur des vaisseaux, au contact du sang qui, en le transportant, en le véhiculisant dans toute l'économie et dans tous les organes, le met en état d'exercer une action générale que nous avons, maintenant, à examiner.

2° Après avoir pénétré dans l'organisme, ainsi que je viens de le montrer, en déterminant les véritables voies de cette entrée et de cette pénétration, le poison s'y installe et s'y fixe, en choisissant lui-même les parties, les éléments organiques auxquels il va s'attacher, il m'est permis de l'affirmer de suite, d'une façon définitive.

Cette action *élective*, prédominante, que l'étude expérimentale a surtout mis en évidence, appartient, en propre, aux substances *toxiques* qu'elle caractérise, dans leurs effets, et leurs expressions symptomatiques ; quelques exemples typiques, des plus démonstratifs, vont vous édifier à ce sujet :

Un des gaz toxiques des plus connus et des plus dangereux, produit des combustions incomplètes, l'*oxyde de carbone*, en pénétrant dans l'organisme, se porte en définitive, pour s'y fixer, sur le *globule sanguin*, et s'y substitue à l'oxygène indispensable à la vie et au fonctionnement de ce dernier, sans lesquels la vie totale et normale n'est plus possible ; d'où la haute gravité de l'empoisonnement et de l'asphyxie par l'oxyde de carbone (1).

(1) Le plomb mérite, jusqu'à un certain point, d'être rapproché, à cet égard, de l'oxyde de carbone, par les altérations qu'il détermine sur les éléments du sang, altérations signalées et décrites, dès 1871, par le professeur Malassez.

Le poison *alcoolique*, dont j'ai eu à vous parlez, au début de cette causerie, non seulement à titre de rapprochement avec l'empoisonnement professionnel qui nous occupe, mais aussi comme adjuvant et aggravant de celui-ci grâce à son intervention si fréquente, on peut dire, hélas! habituelle chez l'ouvrier peintre; le poison alcoolique possède aussi cette action prédominante, *élective*, sur les systèmes organiques par lesquels il s'élimine : d'abord les organes respiratoires (vous connaissez l'odeur caractéristique de cette élimination), et ensuite le système nerveux, et dans ce système nerveux lui-même, la portion que l'on appelle la *substance grise*, sur les éléments cellulaires de laquelle se fixe particulièrement, avec un choix prédominant, la terrible *essence* qui fait la base de la liqueur d'absinthe, cette fameuse *absinthe*, le soi-disant *apéritif* qui tue l'appétit, et aussi celui qui la consomme d'habitude, après l'avoir stupéfié, abruti, rendu épileptique, fou et criminel!

Si je signale avec insistance, devant vous, ce breuvage, l'un des plus dangereusement toxiques qui se puisse imaginer, c'est qu'à part l'assimilation qui existe et que je cherche à établir entre le mécanisme de son action et celui du poison plombique, l'ouvrier peintre, sous l'influence d'un préjugé doublement fatal s'ajoutant, chez lui, aux mœurs actuelles de consommation habituelle, et qui le porte à croire que l'absinthe est comme le contre-poison de son empoisonnement par le plomb, et qu'elle lui est nécessaire, pour l'entretien ou le relèvement de ses forces, fait de cette boisson un usage et un excès qui aggravent, tout au contraire, singulièrement les accidents en cours de l'intoxication saturnine; si bien qu'il est à la fois, et presque couramment, la victime des deux empoisonnements ligués, en quelque sorte, par sa faute, contre sa santé et son existence.

Cette ligue, en effet, cette rencontre dans l'organisme se réalisent, précisément par une action *élective* à peu près semblable, sur les mêmes systèmes et les mêmes éléments organiques, surtout et prédominemment sur le système et les éléments nerveux, en particulier, les éléments de ce que nous appelons la *substance grise*.

Peu importe le nom, le fait, fait d'importance capitale, est que le siège essentiel de l'action du poison *saturnin* dans le *système nerveux* nous est démontré à la fois par les modifications fonctionnelles provoquées par l'intoxication et par les résultats concordants de la recherche chimique du poison, au sein des tissus et des organes.

Et d'abord les *modifications fonctionnelles*, il suffit de les passer rapidement en revue pour montrer qu'elles sont essentiellement du ressort du *système nerveux*; elles portent sur les deux modalités fonctionnelles : la *sensibilité* et le *mouvement*.

Modifications fonctionnelles de la sensibilité. — Du côté de la *sensibilité*, l'on observe chez les malades, et selon le degré de l'intoxication, d'abord et le plus souvent, des phénomènes douloureux plus ou moins généralisés, mais se localisant plus particulièrement dans les articulations (*arthralgies*, goutte, rhumatisme saturnins), et aussi dans les muscles sous forme de *crampes*, parfois d'une telle intensité qu'elles arrachent des cris de douleur à ceux qui en sont affectes : vous allez en voir un exemple parmi les malades que je vous montrerai.

Il convient de rappeler à ce propos, les phénomènes horriblement douloureux de la *colique de plomb*, sur laquelle j'ai précédemment insisté, et qui procède de la double atteinte des systèmes nerveux et musculaire de l'estomac et des intestins.

Il se peut faire qu'au lieu et place d'une augmentation de la sensibilité générale (*hyperesthésie*), allant jusqu'aux plus vives manifestations douloureuses, il se produise une diminution et même, dans certaines régions du corps, une abolition presque complète de la sensibilité (*anesthésie*); si bien que lorsque l'on stimule, par pincement ou par piqûre, la peau de ces régions (habituellement les mains et les avant-bras, chez les sujets atteints de ces modifications fonctionnelles qui sont, d'ailleurs, pour la plupart, des *nerveux prédisposés*, ils se montrent ou complètement insensibles, ou à peine sensibles à ces provocations.

Nos petits animaux soumis, selon le procédé expérimental que je vous ai fait connaître, à l'intoxication par la *céruse*, offrent, d'habitude, et rapidement, à un très haut degré, ces troubles fonctionnels du côté de la sensibilité, surtout ceux d'insensibilisation; en voici un exemple-type dans le petit cobaye que je vous présente : alors que chez ces animaux d'une sensibilité extrême, la moindre pression de l'extrémité des pattes détermine des cris perçants immédiats, avec de vifs mouvements de réaction et de défense, comme vous pouvez le constater sur le sujet normal que je vous montre pour comparaison, celui qui se trouve sous l'influence du poison demeure indifférent à la même provocation, étant, conséquemment, paralysé de la sensibilité, comme il l'est, du reste, en même temps (je vais revenir sur ce point), du mouvement, surtout dans les pattes postérieures.

Voilà pour la sensibilité : voyons maintenant la *motricité* ou le *mouvement*.

Paralysie des muscles extenseurs. — De ce côté, c'est l'affaiblissement plus ou moins prononcé, pouvant aller jusqu'à l'abolition des mouvements ou à leur paralysie, mais, d'une façon partielle, localisée dans certains groupes musculaires, toujours les mêmes; ce qui donne lieu à une forme de *paralysie* tout à fait spéciale, caractéristique et, comme nous disons dans le langage médical, spécifique, de l'intoxication saturnine : c'est la paralysie bien connue, trop connue, hélas! des ouvriers peintres qui lui payent un si riche tribut, la *paralysie dite des extenseurs,* c'est-à-dire des muscles extenseurs des bras; ce qui signifie que l'impotence motrice siège avec une prédominance marquée dans les muscles qui président au mouvement d'extension desdits membres.

L'on sait, en général, que les membres supérieurs, les bras, présentent deux ordres principaux de mouvements : les mouvements par lesquels l'avant-bras (portion inférieure à partir du coude) se fléchit sur le bras (portion supérieure du coude à l'épaule), et ceux par lesquels s'opère le retour à la position rectiligne, c'est-à-dire les mouvements d'extension.

Ces mêmes mouvements s'accomplissent du côté de la main, et l'articulation du poignet en est le centre et le pivot : ils sont commandés et actionnés par deux ordres de muscles, qui y correspondent, les muscles *fléchisseurs* et les muscles *extenseurs* de la main et des doigts.

Or, dans l'intoxication saturnine, l'impotence motrice ou la paralysie frappe le groupe des muscles *extenseurs* particulièrement, avec une prédominance telle que leur action, se trouvant plus ou moins affaiblie ou anéantie, les muscles antagonistes ou *fléchisseurs* l'emportent de façon à forcer et à maintenir les doigts dans une flexion permanente, qui donne à la main l'aspect d'une *griffe;* aspect caractéristique, dont vous pouvez voir un exemple-type chez l'un des sujets que je vous présente, et que nous analyserons plus amplement dans un instant.

Il n'est pas sans intérêt de chercher à se rendre compte, au point de vue du mécanisme, de l'action du poison, de la raison, autant qu'il est possible de la pénétrer, de cette particularité, du siège constant et prédominant de la paralysie dans les muscles *extenseurs* du bras et de la main, de la main surtout.

Cette raison se trouve, selon mon appréciation, dans les deux conditions suivantes :

La première, d'ordre physiologique normal, déduite de ce fait que, dans l'accomplissement fonctionnel des mouvements habituels du bras et de la main, les mouvements de *flexion* l'emportent, tant dans leur fréquence que dans leur force d'exécution, sur les mouvements *d'extension ;* d'où il suit, tout naturellement, que dans une paralysie des muscles qui président à ces deux sortes de mouvements, les muscles *extenseurs* seront relativement les plus frappés, les plus affaiblis, tandis que les muscles fléchisseurs, grâce à leur prédominance fonctionnelle normale l'emportant, alors même qu'ils sont touchés, eux-mêmes, par l'impotence motrice, sur leurs antagonistes, entraînent, dans la *flexion* persistante, la main et les doigts, ce qui constitue l'infirmité paralytique en question.

Lésions de la moelle épinière. — La seconde condition résulte du siège localisé des lésions provoquées par le poison plombique, grâce à son action *élective* sur la partie supérieure de la moelle épinière (région cervicale), juste au point d'origine des nerfs qui actionnent les muscles des membres supérieurs (origine du plexus nerveux cervico-bracchial). La constatation au microscope de ces lésions, associée à l'analyse chimique confirmative, ne laisse pas de doute sur la réalité de ce siège prédominant dans le centre nerveux myélitique.

La paralysie, du reste, se complique rapidement de l'amaigrissement consécutif, autrement dit, en langage technique, de l'*atrophie* des muscles de la main (surtout des muscles dits *interosseux*), atrophie qui en accroit singulièrement l'impuissance.

Une autre particularité curieuse de cette paralysie, et qui est de nature à caractériser plus étroitement encore la tendance localisatrice, élective de l'action du poison : c'est qu'elle débute constamment du côté *droit* du corps, c'est-à-dire dans le membre supérieur droit, chez l'homme, pour gagner ensuite le membre gauche, lequel reste, d'ailleurs, d'habitude, relativement moins affecté que le droit.

L'observation de nos animaux en expérience a surtout attiré et frappé notre attention à cet égard, en nous montrant qu'à une certaine période de l'intoxication ils présentaient, tous, le fléchissement et la chute du corps du côté *droit*; en sorte que cette attitude, que l'on peut facilement constater sur les sujets que je vous montre, notamment sur ce lapin, est vraiment caractéristique, par sa forme et sa constance.

Peut-être convient-il d'y ajouter, mais accessoirement, une influence directe sur les extrémités nerveuses (névrite périphérique) exercée par le contact plus ou moins prolongé du poison avec la surface de la peau, dans des conditions professionnelles spéciales (enduisage, broyage) sur lesquelles nous allons incessamment revenir.

Quoi qu'il en soit de l'explication et du mécanisme, l'impotence motrice, la paralysie, dans sa forme spéciale, on peut dire *spécifique*, n'en existe pas moins à des degrés plus ou moins avancés, mais qui, même au degré moyen, constitue, une fois installée, une véritable incapacité professionnelle : attendu que les ouvriers qui en sont atteints, et c'est le plus grand nombre, ne peuvent plus se livrer, quand ils le peuvent, qu'à certains détails de leur profession, notamment et en particulier au *rebouchage* et à l'*enduisage* par le mastic.

L'absorption du poison par la peau. — Il est à propos, à ce sujet, de dire ici un mot de la possibilité à laquelle je faisais tout à l'heure allusion de l'introduction et de l'absorption du poison par la *peau*, à la suite d'un contact plus ou moins prolongé avec celle-ci, ce qui est surtout le cas des deux susdites opérations : l'*enduisage* et le *rebouchage*.

En principe physiologique l'absorption par la *surface cutanée*, sans être impossible, présente de réelles difficultés, en raison même de la contexture du tissu organique, lequel, par sa destination fonctionnelle, est appelé à former une barrière entre le milieu ambiant et l'intérieur de l'organisme; il faut, pour que cette barrière soit franchie, et pour que l'absorption se produise, certaines conditions favorables, accidentelles, dont la principale est une plaie de la peau ou une simple éraillure, qui la dépouilla de son revêtement extérieur (*epithelium*).

Or, cette porte d'entrée éventuelle peut se produire, en particulier, chez l'*enduiseur* qui, tenant le mastic constamment appliqué sur la paume de la main gauche, au-dessous du pouce (éminence Thénard), en contact avec la peau, prend ce mastic avec le couteau, lequel, à force de racler cette surface cutanée, arrive à réaliser cette éraillure favorable à l'introduction de la substance toxique, quelque lente et partielle que soit, d'ailleurs, cette pénétration.

Une autre condition professionnelle, également favorable, est celle qui n'est pas rare surtout chez les ouvriers de la province, où, le broyage de la céruse étant opéré sur place et temporairement pour la confection et le maniement du mastic, la main et une partie de l'avant-bras sont plongés dans la *camelotte*, comme on dit en langage du métier, de façon qu'une plus grande surface organique se trouve alors en contact avec le composé toxique.

Mais il est à remarquer que, quelles que soient, du côté de la main *gauche*, les conditions favorables, que nous venons de signaler, d'absorption par la peau et la réalité de cette absorption, c'est toujours par le côté *droit* que les symptômes de *paralysie* commencent à se montrer, et qu'ils ne gagnent que de seconde main, c'est le cas de le dire, le côté opposé, preuve nouvelle de cette remarquable prédominance, que caractérise le choix du poison pour le système nerveux central, ici la moelle épinière, à l'origine des nerfs des membres supérieurs.

Accidents du côté du cerveau. — Mais ce n'est pas seulement, dans la sphère des centres nerveux, la *moelle épinière* qui se trouve impliquée et intéressée dans l'intoxication saturnine de la façon qui vient d'être déterminée et démontrée, c'est aussi le *cerveau*, dont il nous reste à étudier la part d'intervention, des plus importantes et des plus graves, dans le cortège des accidents d'origine nerveuse.

Une simple énumération va suffire pour caractériser la nature et la gravité des troubles cérébraux, désignés, d'une façon générale, dans le langage médical, pathologique, sous le nom d'*encéphalopathies saturnines*.

Ce sont d'abord les douleurs de tête, céphalagies ou céphalées, plus ou moins fugaces au début, et s'installant ensuite avec une désespérante persistance, de jour et de nuit, et avec la forme gravative de pression de tempes, d'enserrement et de lourdeur du *casque*; puis, au fur et à mesure des progrès de l'empoisonnement, et des altérations qu'il détermine dans les éléments de la substance cérébrale, surtout dans les éléments de la substance *grise* (encéphalite, méningite, meningo-encéphalite), l'on voit survenir des hallucinations terrifiantes, du délire, une véritable folie, à prédominance tantôt mélancolique avec idées de suicide, tantôt maniaque avec impulsions violentes; et finalement, cette forme mentale de l'intoxication plombique prend et revêt les carrctères de la maladie connue sous le nom de *Paralysie générale*, folie paralytique, laquelle aboutit à la démence, au gâtisme, en un mot à la déchéance physique et morale de l'organisme, la plus complète et la plus triste.

Ce n'est pas tout : à ces troubles morbides d'ordre nerveux, ressortissant aux centres cérébraux, il faut ajouter des symptômes, non moins graves que ceux qui viennent de vous être signalés; le *tremblement*, plus ou moins généralisé, mais siégeant particulièrement aux membres supérieurs et aux mains, où ils accompagnent la paralysie spécifique; les *convulsions* qui, au degré le plus élevé et systématisé, arrivent jusqu'à constituer l'*épilepsie* dans ce qu'elle a de plus caractéristique, en ses accès horribles et répétés.

Rien n'est plus facile que de reproduire, expérimentalement, sur nos animaux, la série de ces accidents avec leurs variétés de forme et de gravité : de même que je vous ai déjà montré des exemples de *paralysie* saturine : et sur un chien, un cas des mieux caractérisés d'accidents cérébraux (encéphalopathie) avec hallucinations terrifiantes et impulsions irrésistibles à se jeter sur les objets et les personnes pour les mordre, de même vous pouvez constater sur deux petits animaux (cobayes), en premier lieu, un *tremblement* généralisé, se manifestant surtout du côté de la tête, et lorsque l'animal se met en marche, difficilement, du reste ; et sur le second, des crises complètes d'*épilepsie*, se reproduisant à de courts intervalles, et auxquelles le petit animal ne tardera pas à succomber.

J'en aurais fini avec cette description déjà longue, bien que je m'efforce de la résumer, des multiples accidents engendrés par le *blanc de céruse*, si je n'avais, pour compléter cette esquisse, à vous parler de l'*élimination* du poison, c'est-à-dire des efforts naturels faits par l'organisme, pour s'en débarrasser; ce qui amène encore, du côté des organes qui sont le siège de ces efforts, toute une série de troubles morbides.

L'élimination du poison. — Sa présence dans les divers organes. — Complications du côté des reins. — J'ai déjà indiqué, au moins en partie, les résultats de l'*analyse chimique*, relativement à la présence et à la localisation de la substance toxique dans les divers organes, une fois introduit dans l'économie : les recherches nouvelles de mon savant collaborateur, M. Meillère, pharmacien en chef des Hôpitaux, chef du Laboratoire de Chimie de l'Académie de Médecine, réalisées sur nos animaux en expérience, ont décelé la présence du plomb dans les organes suivants (à part la *moelle épinière* dont il a déjà été question.)

Le *cerveau*, les *poumons*, le *foie*, le *cœur*, les *organes génitaux*, les *reins* (et la sécrétion de ces derniers, l'*urine*).

Sans insister ici sur l'intérêt pathogénique de ces diverses constatations, je m'arrêterai surtout à la dernière, celle qui concerne les *reins ;* car, nous allons y trouver l'origine et les signes d'altérations nouvelles, et des conséquences plus ou moins graves qu'elles entraînent dans le fonctionnement des organes impliqués.

L'intervention fonctionnelle prédominante des *reins* dans les efforts d'élimination du poison, amène, du côté de ces organes, des complications (congestion et inflammation), dont les conséquences et les manifestations symptomatiques extérieures, vont surtout vous donner une idée.

C'est d'abord, le passage et la déperdition de l'*albumine*, par les urines ; ce qui constitue l'*albuminurie*, ou *néphrite albumineuse ;* état maladif déjà grave, par lui-même, et qui, en s'accompagnant des complications que ses progrès entraînent inévitablement, du côté du cœur et de la circulation générale, ajoute encore à la gravité irrémédiable des accidents toxiques ; ces complications consistent surtout dans les *hydropisies*, les étouffements et les phénomènes convulsifs (urémiques) qui en sont la suite ; et du côté des yeux, dans l'*amaurose*, la cécité plus ou moins complète, ou perte de la vue.

Rien n'y manque, vous le voyez ; et l'on peut dire que « toute la lyre » des accidents morbides résonne tristement, et fatalement, sous l'influence de l'empoisonnement par le *blanc de céruse*.

L'empoisonnement saturnin chez les femmes. — Les femmes, — pour le dire en passant, et il n'est pas indifférent de le noter ici, bien qu'il ne s'agisse plus, en ce cas, de la peinture en bâtiment — les femmes payent aussi, à cet empoisonnement, un large tribut, particulièrement dans l'emploi du *blanc de céruse*, au *blanchiment des dentelles* et dans l'*imagerie* pour colorations : les accidents d'ordre nerveux sont, surtout, prédominants à la suite de ces réalisations professionnelles : mais l'une des conséquences les plus importantes par sa gravité, à la fois, immédiate et consécutive, c'est l'*avortement*, qui se produit fréquemment dans ces conditions toxiques, prenant, ainsi, une part qui est loin d'être indifférente à la dépopulation du pays, par arrêt de la natalité ; sans compter les influences héréditaires de dégénération physique et morale, chez les produits de la conception, quand celle-ci parvient à son terme ; les malformations, le rachitisme, les convulsions, l'épilepsie, l'idiotie ou l'imbécillité ; quand ce n'est pas la mort dans la première enfance.

Même quand la femme n'intervient pas comme facteur essentiel, par sa profession personnelle, dans cette transmission et ces résultats héréditaires, ceux-ci peuvent se produire du fait du générateur professionnel, notamment de l'ouvrier peintre, surtout quand la procréation se réalise en pleine possession et action du poison, dans l'organisme déjà touché et imprégné.

Présentation des malades. — Trois exemples-types d'empoisonnement par la céruse chez les peintres en bâtiment. — Après cet exposé des rip if, il me reste à vous présenter les exemples suivants, que je vous ai déjà signalés, en partie, et qui personnifient — autant que possible, et bien qu'ils aient été pris au hasard, dans le tas (pardonnez-moi l'expression qui n'a d'autre intention que de s'appliquer au grand nombre des victimes), les principales variétés d'accidents ; les voici, ils sont trois :

1° Le premier est un tout jeune homme, à peine âgé de 33 ans, et déjà depuis longtemps voué à une irrémédiable infirmité, et à une incapacité, tout au moins, partielle ;

Fils d'ouvrier peintre, il a lui-même, commencé le métier, dès l'âge de 11 ans, et, particularité curieuse que j'ai eu déjà l'occasion de vous signaler, comme se rapportant, très probablement, à une prédisposition individuelle, *héréditaire*. il n'a jamais souffert de *colique*, de même que son père qui avait été complètement indemne.

En revanche, il a été atteint de bonne heure de la *paralysie caractéristique des extenseurs*, laquelle a débuté, comme d'habitude, par la main *droite*, pour se propager, ensuite, à gauche : elle existe, des deux côtés, avec son aspect typique, et facile à constater, même de loin, de *griffe* du côté des mains et des doigts ; ceux-ci étant à demi-fléchis, d'une façon permanente, sans possibilité de les relever et de les étendre : les muscles des mains (inter-osseux) sont profondément amaigris, atrophiés.

Le résultat obligé de cette situation, chez ce jeune homme, est une impotence, une incapacité précoces, qui ne lui permettent que la réalisation d'une des variétés de son travail professionnel : l'enduisage.

2° Le deuxième est un homme d'une quarantaine d'années : il a eu, dès ses débuts, trois accès de *coliques*, sans plus (vous savez, je vous l'ai fait remarquer, que la colique se borne souvent, à deux, trois, quatre récidives, sans reproduction, malgré la continuation du travail professionnel) ;

Ce sujet présente un *liséré gingival* très marqué.

Chez lui, ce sont surtout les accidents nerveux, de nature douloureuse, qui se sont montrés avec prédominance : douleurs articulaires (arthralgies) ; *crampes* musculaires violentes ; tremblement ; céphalgie, céphalées, avec insomnies, cauchemars, hallucinations... Enfin, il est aussi atteint de la *paralysie* spécifique, à un degré moins avancé que chez le précédent, et bornée, jusqu'à présent à la main droite.

3° Le troisième malade que je vous présente, âgé de 52 ans, a eu, il y a 11 ans environ, de fréquentes atteintes de *coliques ;* et, sans les éprouver, aujourd'hui, avec la même acuité, il ressent les suites, se traduisant par des douleurs sourdes et profondes, toutes les fois, surtout, qu'il fait des mouvements qui retentissent sur le ventre.

Il éprouve aussi des douleurs de tête (céphalées) plus ou moins violentes, des crampes dans les jambes, et la main droite est atteinte de la *paralysie* spéciale, laquelle s'accentue et s'aggrave, par moments, pour diminuer ensuite d'intensité, sans doute selon les conditions du travail, plus ou moins favorables aux progrès de l'empoisonnement.

Mais ce qui caractérise, plus particulièrement, la situation maladive de ce sujet, c'est l'existence dans les reins, *néphrite albumineuse*, que je vous signalais, tout à l'heure, et qui s'accompagne déjà chez lui, des complications habituelles : œdème ou gonflement hydropique des membres inférieurs ; retentissement du côté du cœur et étouffements consécutifs et, enfin, du côté des yeux, l'*amaurose*, et la cécité en perspective.

Vous venez d'avoir ainsi, réunies dans ces trois types, les principales variétés des accidents de l'intoxication plombique, qui constituent, vous le voyez, de fatales et irrémédiables infirmités.

Et les victimes de ces infirmités se reproduisent et se perpétuent, de la sorte, depuis près de deux siècles.

DEUXIÈME PARTIE

Le remède. — Les statistiques.

I. — *La condamnation et la prohibition du poison. — Les mesures préservatrices à l'origine dans la préparation industrielle et au cours de la pratique professionnelle. — La statistique.*

Tel est le tableau de l'empoisonnement professionnel, il n'en est pas, et nous n'en connaissons pas de plus noir, de plus triste, de plus lamentable dans le domaine des infirmités humaines, imméritées.

Y a-t-il un remède à ce mal implacable ; remède préventif, palliatif ou curatif ?

Je réponds, hardiment, formellement : Non, trois fois non !

Ou plutôt, il n'y en a qu'un, un seul, le remède radical, inévitable :

La *condamnation sans appel*, la *prohibition du poison*, comme mesure de salut public et professionnel ;

Mesure d'autant plus justifiée, qu'à part la gravité primordiale, l'irrémédiable fatalité des accidents, la substance fondamentalement toxique, nocive de sa nature, peut être remplacée, dans l'emploi professionnel, par un produit non seulement doué de la qualité première, essentielle, avant tout la plus désirable, l'absence de toute nocuité, de tout danger pour l'organisme ; mais, de plus, possédant de réels avantages démontrés par une pratique qui date déjà d'un demi-siècle, et par des expériences comparatives, suffisamment renouvelées pour permettre et laisser subsister à cet égard, le moindre doute, en dehors de la routine ou du parti pris stérilisants.

Voyons, de près, quoique rapidement, les deux aspects de la question.

I. — En premier lieu, *la nocuité fatale, irrémédiable de l'intervention du blanc de céruse dans la peinture et ses divers usages.*

Deux conditions essentielles de cet emploi sont à considérer, au point de vue du remède à apporter aux dangers dont il s'agit : la première, dont nous avons déjà dit un mot, c'est la condition industrielle de *fabrication* et de *préparation* du *blanc de céruse* et des dangers qu'elle crée, à l'origine, à la source même de cette fabrication du poison. Il est plus juste de dire « qu'elle créait » autrefois ; car, aujourd'hui, ces dangers originels sont à peu près conjurés et évités, grâce aux procédés de perfectionnement introduits dans la fabrication industrielle de la céruse, qui permettent la préparation et surtout le *broiement* de celle-ci sous une couverture de vapeur d'eau, ou en vase clos, mettant la manœuvre à l'abri des émanations toxiques.

Tels étaient, autrefois, les dangers de ces émanations que, dans le but d'y soustraire les pauvres diables qui s'y trouvaient nécessairement exposés, et qui payaient un véritable tribut (tribut alors doublé) à l'empoisonnement plombique, l'on avait songé à réserver ce travail au personnel des *condamnés des bagnes*, comme si, dans une société civilisée, ou qui a, du moins la prétention de l'être, il était licite de vouer à un empoisonnement et à des souffrances, en quelque sorte préméditées, ceux envers qui la justice a déjà été rendue et qui sont en train d'expier leurs fautes ou leurs crimes ; rien que l'idée d'un pareil projet inspirée par la réalité des dangers d'une industrie qui implique, par elle-même, la plus monstrueuse des inhumanités eût dû suffire pour condamner d'emblée et proscrire cette industrie.

Mais, dira-t-on, — et vous venez de le dire et de le constater vous-même — ces dangers industriels n'existent plus aujourd'hui, ou presque plus (car il nous serait facile de montrer que, malgré les progrès accomplis de ce côté, et que les industriels avaient un intérêt *tout personnel* à réaliser, ils ne sont pas complètement évités).

Eh bien, soit, admettons, de la meilleure foi du monde, qu'il n'y a plus de dangers à l'origine de la fabrication industrielle (1).

Est-ce qu'il en résulte une modification quelconque, la moindre atténuation dans les accidents toxiques, au cours de la pratique professionnelle?

En aucune façon, et la démonstration va vous en être faite, sans réplique possible, par des chiffres authentiques.

II. — Le fait capital, à ce sujet, est que le chiffre moyen des victimes de l'empoisonnement professionnel de la peinture au *blanc de céruse* ne s'est pas sensiblement modifié, dans le sens de la diminution, depuis que ce chiffre est fourni par des statistiques authentiques portant soit sur les infirmités confirmées, soit sur la mortalité.

Il est juste, toutefois, de noter qu'à la suite de la circulaire et des affiches préfectorales du 25 novembre 1881, prescrivant les mesures préservatrices à opposer aux accidents toxiques en question, il se produisit, de 1881 à 1883, une atténuation réelle dans le nombre annuel des malades, atténuation exprimée par les chiffres ci-après :

Nombre des malades annuels	552
— tombé de 1881 à 1883 à	441
Les journées d'hôpital de	10.250
— à	6.231

Mais cette amélioration relative ne dure guère ; la négligence, bientôt suivie de l'abandon complet des mesures préservatrices édictées, ne tarde pas à ramener et à faire remonter au taux primitif le nombre des cas d'intoxication saturnine, qui atteint rapidement en journées d'hôpital pour 100 :

D'abord le chiffre de	10,70
Pour monter avec une progression rapide à	17,20

Ce résultat, presque fatal, de l'indifférence de l'ouvrier pour se préserver, autant qu'il est possible, d'accidents qui engendrent, chez lui, d'une façon qu'il sait pourtant inévitable, non seulement de cruelles souffrances, mais encore de fatales infirmités et une incapacité professionnelle plus au moins complète, cette indifférence procède d'une disposition de l'esprit, d'un état psychique qui semblent inhérents à la nature humaine, et qui mènent là une sorte de blasement pour le danger déjà couru et éprouvé : ainsi s'expliquent, sans un doute, les insurmontables difficultés, l'impossibilité réelle d'appliquer à l'empoisonnement plombique professionnel des mesures préventives efficaces, et comme sa curabilité, une fois installé dans l'organisme, est, d'un autre côté, irréalisable, il s'ensuit — et telle va être l'inéluctable conclusion qui s'impose en cette matière — il s'ensuit que le salut gît essentiellement, radicalement dans la *prohibition* du poison.

Toujours est-il qu'en l'état actuel des choses, et si l'on s'en réfère aux relevés les plus authentiques, notamment à ceux que renferme le rapport le plus remarquable et si bien documenté de M. le professeur A. Gautier, au Conseil d'hygiène publique et de salubrité de la Seine (1889), « le nombre des malades *saturnins*, celui des journées d'hôpital et le nombre des morts — pour Paris — ont été sans cesse en croissant, lentement, mais continuellement », et ce sont les *peintres en bâtiment*, enduiseurs, frotteurs de couleurs, badigeonneurs, qui tiennent constamment le premier rang.

Encore, convient-il de remarquer qu'en ne tenant compte, dans cette appréciation, que des malades *hospitalisés*, on en omet près des deux tiers, et certainement, pour le moins, la moitié ; car aujourd'hui ces malades ne recourent à l'hôpital que très rarement, exceptionnellement, lorsque la gravité des accidents les y oblige, usant du traitement externe (*bains sulfureux*) que l'Assistance publique a compendieusement mis à leur disposition ;

(1) Ce perfectionnement industriel est surtout attribuable et remonte à Roard de Clichy.

en sorte que, en rétablissant, très approximativement, la réalité numérique des proportions, il est permis d'affirmer qu'actuellement, sur une trentaine de mille (30.000) d'ouvriers *peintres en bâtiment*, il faut compter près de 1,500 malades, plus ou moins infirmes et professionnellement incapables, et, comme chiffre de mortalité, 150. (D'après le rapport de M. Gautier, la mortalité de 1,7 par an en 1881-83, pour les hospitalisés seulement, s'est élevée à 17,2 pour la période actuelle.)

Et notez qu'il ne s'agit là que de Paris, sans compter la province, à propos de laquells les statistiques exactes nous font défaut.

Quoi qu'il en soit, la démonstration chiffrée qui précède suffirait, à elle seule, pour justifier la mesure radicale qui en découle, la *prohibition* du poison; si cette justification n'était encore renforcée et, si je puis dire, plus justifiée par le fait que le *blanc de céruse* peut, d'ores et déjà, être remplacé, même avantageument à tous les égards, dans la pratique professionnelle, par l'*oxyde blanc de zinc* ou *blanc de zinc*.

C'est ce qui me reste — non pas à démontrer, car la démonstration est faite depuis longtemps — mais à confirmer de telle sorte que le doute et la résistance, qui n'ont plus d'autre raison d'être et d'autre refuge que la plus incroyable routine, et les intérêts industriels les plus égoïstes ne puissent plus tenir désormais contre la vérité et la lumière.

II. — *Le remplacement de la céruse par l'oxyde de zinc, blanc de zinc, blanc de neige.*

L'innocuité fondamentale du blanc de zinc. — Objections professionnelles et économiques. — Examen et réponses pratiques et expérimentales. — Mesures et prescriptions officielles en désuétude.

C'est en 1779 que le chimiste Courtois, de Lyon, dégageait, pour la première fois, l'*oxyde de zinc*, oxyde blanc de zinc, dénommé simplement, depuis, *blanc de zinc*, par opposition au *blanc de céruse*.

Et, ainsi que je l'ai déjà noté au début, c'est en 1785 que Guyton de Morveau proposait l'oxyde blanc de zinc en remplacement du carbonate de plomb, *blanc de céruse*, déjà reconnu, dès cette époque, comme dangereux pour l'organisme.

Mais la voix et les conseils de Guyton de Morveau n'eurent pas de peine à se perdre au milieu de la tourmente révolutionnaire, à laquelle Guyton prenait hélas! lui-même une part trop effective dans le farouche Comité de Salut public, où il oubliait lâchement son illustre ami et collaborateur Lavoisier, qu'il laissa décapiter, sans le défendre!

Un chimiste anglais, Atkinson, en 1793, reprenait, à Liverpool, la campagne organisée par Guyton de Morveau; mais, en France, à part la pâle intervention de Darcet, qui se contentait de conseiller un purgatif comme moyen préventif contre les accidents provoqués par le blanc de céruse, l'*oxyde de zinc* avait été tellement oublié que ce ne fut que vers 1842, qu'à la suite de la reprise de la question et de la campagne en faveur du *blanc de zinc*, par des hommes dont il est juste de rappeler les noms, Rouquette et Mathieu, l'ouvrier de génie Jean Leclaire, créait l'atelier coopératif de peinture qui n'a cessé de fonctionner depuis, avec une extension progressive.

A. — Un premier point, point capital, essentiel, est désormais, irrévocablement acquis et démontré par la pratique même de la peinture à base exclusive d'*oxyde blanc de zinc* : c'est l'*innocuité absolue* de la substance ; ici, plus de danger, plus d'accidents d'aucune sorte, plus de *poison*, ni à l'origine de la fabrication industrielle, ni dans l'emploi... J'en atteste tous les ouvriers — ils sont déjà nombreux, et il y a lieu de s'étonner que ce fait n'ait pas, en sa haute signification, frappé les esprits même les plus réfractaires, — tous les ouvriers, dis-je, qui, à la suite et à l'exemple de Leclaire, ne se sont livrés qu'au travail de la peinture à base de *blanc de zinc*, et qui sont restés indemmes, vierges de toute atteinte, de tout accident, à côté et au milieu de leurs collègues qui n'ont pas cessé et ne cessent de payer un tribut, plus ou moins grave, mais toujours fatal, à l'empoisonnement plombique.

J'en atteste — qu'il veuille bien me le permettre, car il est, ici, à mes côtés, en face de moi, témoignage vivant et présent, irrécusable — le représentant officiel, à cette séance de M. le Ministre du Commerce, M. Finance, ancien ouvrier peintre lui-même, mais qui n'a jamais connu que la peinture au *blanc de zinc*, et qui ne sait pas — sa belle santé en fait foi — ce que c'est qu'un accident de son travail professionnel.

Voulez-vous une démonstration plus évidente, encore, si c'est possible ?

Elle est fournie par le résultat constant de mes expériences comparatives sur mes petits animaux, respectivement soumis aux émanations de la poussière plombique et de la poussière d'oxyde de zinc.

Tandis que les premiers, non seulement présentent, à plus ou moins brève échéance, les signes caractéristiques de l'intoxication, mais, de plus, succombent en quelques heures, fatalement, sans rémission ; les seconds ne sont même pas *touchés*, après trois semaines d'expositions, répétées, tous les jours, durant plusieurs heures, de façon intensive, au *blanc de zinc* en fine poussière, laquelle — fait remarquable — n'exerce même pas, en tant que poussière, la moindre influence notable.

Je vous en montre sur ce sujet de l'une de mes expériences un exemple typique : vous le voyez aussi vif, aussi alerte et bien portant que dans son état normal ;

Je le lègue au Syndicat des ouvriers peintres, comme le témoignage vivant, expérimental, le plus significatif de l'*innocuité du blanc de zinc.*

B. — Cette innocuité, du reste, est trop réelle, trop évidente pour être mise en doute, et même discutée par les plus entêtés et routiniers partisans du *poison saturnin.*

Mais alors se dressent les légendaires et seules objections, qu'ils colportent, sinon avec une conviction toujours sincère, et, en tout cas, suffisamment éclairée, du moins avec une ténacité digne d'une meilleure cause ;

Objections d'ordre *professionnel* et *économique*, et qui sont, essentiellement, les suivantes :

La peinture au blanc de zinc ne *couvre pas* comme la peinture au *blanc de céruse ;*

La peinture au blanc de zinc n'a pas la *solidité* et la *résistance* de l'autre, et elle ne peut s'appliquer aux travaux de l'*extérieur ;*

La peinture au blanc de zinc *coûte plus cher*, tant au point de vue du prix du produit fondamental qu'à celui de l'économie du travail.

Je serais mal venu à invoquer mon expérience et ma compétence personnelles pour répondre à ces objections capitales, et pour essayer de les réfuter.

Mais je possède, à cet égard, les interprètes les plus autorisés, les plus éloquents, dans les divers rapports qui, sur cette question de remplacement de la *céruse* par le *blanc de zinc*, se sont produits et succédé, avec des expériences comparatives appropriées et des plus démonstratives, depuis l'année 1849, époque où l'un des premiers, et non des moins qualifiés, Chevallier, ouvre, pour ainsi dire, la marche, dans son mémorable rapport à la *Société d'encouragement*, qui conclut ainsi :

« *Quelques personnes auraient dit que la peinture au blanc de zinc serait plus coûteuse et moins solide que celle au blanc de plomb ;*

« *Nous avons pu nous convaincre que cette assertion est inexacte : on trouve, dans la pièce ci-jointe au dossier, le résultat d'expériences qui démontrent que la peinture au blanc de zinc a l'avantage d'être salubre et économique.* »

Ce dossier, en effet, ne contient pas moins de trente-cinq certificats confirmatifs et motivés par les expériences les plus probantes, certificats émanant des architectes les plus distingués de l'époque, notamment des architectes de la ville de Paris.

Ceux-ci, constitués eux-mêmes en Commission en 1850, élaborèrent, à leur tour, un rapport dont voici les conclusions textuelles :

« *La* **céruse** *absorbe seulement* 50 0/0 *de son poids d'huile; tandis que le* **blanc de zinc** *se mélange avec un* **poids** *d'huile* **égal au sien,** *et la* **solidité** *de la peinture dépend de la proportion d'huile employée.*

« *Le* **blanc de zinc** *n'est pas* **plus cher** *que la* **céruse.**

« *En résumé, la peinture au* **blanc de zinc** *étant plus* **économique**, *plus* **belle**, *plus* **durable** *que l'autre...*

« *Il convient d'inviter les architectes à l'adopter dans leurs travaux...* »

A la suite de ce mouvement qui prenait, de plus en plus de l'extension, le Ministère de la Marine fut saisi de la question; une Commission technique fut nommée à cet effet, et son rapport, fortement motivé par une étude et des expériences démonstratives, conclut en ces termes, dont la netteté affirmative se passe de tout commentaire :

« *Le* **blanc de zinc** *couvre plus de surface que la céruse dans la proportion de* 1.20 *à* 1.50 *pour l'unité;*

« *Par suite, l'emploi du* **blanc de zinc** *procure un avantage de* 5 *à* 14 0/0. »

De pareilles manifestations et des résultats à ce point significatifs des enquêtes les plus compétentes, les plus démonstratives ne pouvaient laisser complètement indifférents les pouvoirs publics, qui ont, et qui devraient accomplir, toujours, avec un soin jaloux, la haute mission de veiller aux mesures et à la pratique de l'hygiène publique, et il se rencontra, d'aventure, un Ministre des Travaux publics, M. Lacrosse, qui prit, le 24 août 1849, l'arrêté ci-après :

« *A l'avenir, le* **blanc de zinc** *sera, exclusivement, employé dans les travaux de peinture à l'huile exécutés dans les bâtiments de l'État, par ordre du Ministre des Travaux publics.* »

C'est cet arrêté qui, paraît-il, est devenu introuvable dans les archives ministérielles, mais dont l'existence ne saurait être niée, car elle est explicitement indiquée et affirmée dans la circulaire suivante du Ministre de l'Intérieur Persigny, en date de février 1852, et dont il est de haute importance pour notre objet de relever les principaux extraits, dans le texte original lui-même, heureusement conservé (1), car il eût pu, aussi, devenir introuvable dans les Archives de l'État.

Circulaire aux Préfets.

« La fabrication et le broyage de la *céruse* sont depuis longtemps signalés comme des opérations éminemment insalubres. L'emploi des peintures qui admettent cette substance produit également les plus funestes effets parmi les ouvriers peintres. En ce qui touche la fabrication, elle pourrait, grâce à des perfectionnements récents, devenir, jusqu'à un certain point, inoffensive, mais il est à craindre que ces perfectionnements ne soient pas toujours réalisés par les fabricants ; quant à l'emploi de la céruse, il est certain que des précautions de diverse nature peuvent bien en affaiblir, mais non en paralyser complètement la pernicieuse influence. L'intérêt de la santé d'une classe nombreuse d'ouvriers réclame, donc à cet égard, toute la sollicitude de l'autorité supérieure.

« Déjà, *un arrêté émané du ministère des Travaux publics à la date du 24 août* 1849 a prescrit la substitution du *blanc de zinc* au *blanc de céruse* dans les travaux de peinture à exécuter dans les travaux de l'État.

« Depuis, une Commission instituée au même Ministère en 1850 et 1851, et composée des hommes les plus compétents, a étudié cette question avec un soin tout spécial ; elle est tombée d'accord sur les dangers de la fabrication et de l'emploi de la céruse et sur la nécessité de la remplacer par le blanc de zinc.

(1) Notamment dans le « Manuel d'hygiène industrielle » du Dr Napias.

« D'après les conclusions de cette Commission, la préparation, l'emploi et le grattage de la peinture *au blanc de zinc* ne paraissent présenter aucun danger pour la santé de l'ouvrier. En outre, cette peinture a des qualités de *durée*, de *solidité* et d'*éclat*, qui ne se retrouvent pas, au même degré, dans la peinture au *blanc de céruse*; enfin, s'il y a aujourd'hui entre l'une et l'autre égalité de prix, il est permis d'espérer que la peinture au **blanc de zinc** pourra être bientôt établie à des prix inférieurs.

« En présence de ces conclusions, monsieur le Préfet, je crois devoir vous inviter à prendre les mesures nécessaires pour que le blanc de zinc soit employé généralement dans les travaux de peinture à exécuter aux bâtiments départementaux...., etc.

« Signé : PERSIGNY. »

Cet extrait suffit pour montrer où en était, alors, la question de substitution du *blanc de zinc* au *blanc de céruse*, substitution pleinement justifiée par les conclusions concordantes de tous les rapports élaborés à cet effet, et ordonnée par les arrêtés officiels provoqués par ces rapports. La circulaire qui précède est, à cet égard, topique et irrécusable, et l'original en existe bien aux *Archives nationales*. La Commission actuelle des logements insalubres ne cesse de demander sa remise en vigueur.

Mais l'autre...., l'original du fameux arrêté Lacosse? introuvable! Et alors, pas d'original, pas de décision ministérielle, pas de remise en vigueur possible!

Non, et quoi qu'on en ait dit, je ne puis croire, en l'an de grâce et de lumière 1901, à une pareille... originalité officielle!

Et n'y eut-il point l'indéniable circulaire ci-dessus qui contient, en même temps, dans ses flancs le décret introuvable, il resterait encore l'*initiative* gouvernementale que l'on est loin d'abdiquer : témoin la mesure prohibitive relative à l'emploi du *phosphore* dans la fabrication des allumettes, dont la manipulation, il est vrai, impliquait particulièrement la responsabilité de l'État, ce qui n'a pas empêché la réforme, des plus impérieuses, d'attendre de longues années, presque un siècle!

Témoin encore l'interminable réforme de l'impôt des boissons, laquelle en dépit ou plutôt à cause même de la loi fiscale qui vient d'être votée sous prétexte d'hygiène (hygiène budgétaire!) attend encore, et attendra probablement longtemps, la solution véritablement appropriée et satisfaisante.

CONCLUSION

Fin de non-recevoir. — Routine et respect des intérêts industriels. Ce qu'il faut faire. — Mesure de salut public.

Ce n'est pas, encore une fois, à de pareilles causes, à de tels prétextes que tiennent cette fin de de non-recevoir, cette résistance séculaire à des déterminations commandées par le péril *professionnel* le plus grave, le plus désastreux qui se puisse imaginer, et par les démonstrations les plus éclatantes de la possibilité d'un remplacement du poison qui personnifie ce danger par une substance, d'une parfaite innocuité — avantage capital — mais encore douée de toutes les qualités requises en l'espèce ; les véritables causes, je vais vous les dire ou plutôt vous les faire dire par une voix des plus autorisées, et plus éloquente que ne saurait être la mienne.

Ecoutez ces paroles, écrites il y a une vingtaine d'années, dans un livre qui fait autorité en la matière :

« On est presque honteux de penser que cette question, qui intéresse si fort l'hygiène publique, qui touche de si près à l'intérêt de *centaines de mille ouvriers*, est pendante depuis un siècle et que dès 1785, Guyton de Morveau proposait de substituer le zinc au plomb.

« Le *blanc de zinc* est capable de donner les mêmes résultats que le blanc de céruse : chaque fois que les Commissions de savants, de chimistes, d'architectes, etc... ont étudié la question, il a été reconnu que le *blanc de zinc* ne le cédait pas au *blanc de plomb.*

« Mais la routine incurable s'est opposée à la généralisation de ce procédé de peinture ; la routine a trouvé une formule :

« *Le blanc de zinc couvre moins que le blanc de plomb.* »

« Et le nombre de ceux qui se payent de formules a répété l'aphorisme et l'a tenu pour indiscutable vérité.

« C'est vainement que Chevalier, que Tardieu, que le *Comité des arts et manufactures*, que le *Comité consultatif d'hygiène*, etc., ont émis leur avis : la formule sacramentelle était trouvée. La *routine* l'opposait vigoureusement à tout argument. La pratique même de chaque jour, — une pratique de plus de 30 ans (aujourd'hui disons 50), n'a pas vaincu l'*implacable sottise* des routiniers, et quoiqu'un industriel intelligent et philanthrope, Leclaire ait créé une maison qui emploie exclusivement le blanc de zinc, et qui en consomme chaque année 70.000 kilos, la routine continue de nier, et chaque année elle *envoie à la mort des centaines d'ouvriers*, et elle en *estropie des milliers !* »

Qui parle ainsi?

C'est précisément l'auteur du *Manuel d'hygiène professionnelle*, qui devrait être ici, présent, à la place présidentielle, M. le Docteur Henri Napias, actuellement directeur général de l'administration de l'Assistance publique.

Combien nous eussions été heureux de l'en féliciter, si sa présence, que nous regrettons, ainsi, doublement, nous l'eût permis !

Mais... on n'est pas parfait ; et lorsqu'en 1879, à la séance du 26 novembre de la *Société de médecine publique et d'hygiène professionnelle*, à la suite d'une discussion mémorable suscité par un excellent travail de Paliard, l'architecte très distingué de la préfecture de la Seine, Bouley, alors président de la *Société*, demanda, avec insistance, la substitution imposée par *voie législative du blanc de zinc à la céruse;* M. Napias crut voir là une atteinte à la liberté individuelle :

« Nous ne demandons pas, disait-il, que la loi intervienne ici, c'est à l'instruction seule à éclairer les masses; nous voudrions que les ouvriers fussent instruits du danger qui les menace; nous voudrions que les architectes se fissent les complices des hygiénistes pour cette bonne action, et qu'ils exigeassent de leurs entrepreneurs l'usage exclusif du *zinc.*

« Nous voudrions, aussi, que les Ministères, les villes, les communes, les administrations, imposassent, pour les travaux qu'ils font faire, la peinture à *base de zinc.* »

Certes, le respect de la liberté individuelle, ce dogme imprescriptible de la charte des droits de l'homme et du citoyen, est de ceux qui nous touchent, au plus haut degré, comme ils le méritent; mais à la condition — qui est aussi le principe inaliénable de toute *sociabilité* — de ne pas engager, de ne pas impliquer, par l'exercice de cette liberté, d'effroyables malheurs publics, comme celui dont il s'agit; celui qui « grâce à cette *implacable sottise de routiniers*, si vigoureusement dénoncée et dépeinte par M. Napias, *envoie, chaque année, à la mort, des centaines d'ouvriers, et en estropie des milliers...* »

Aussi, sommes-nous assuré que le docteur Napias d'aujourd'hui en appellerait du docteur Napias d'autrefois, c'est-à-dire de celui des déclarations restrictives de la *Société de médecine publique* en faveur de la *mesure prohibitive* légale qui s'impose, comme une inéluctable nécessité.

Oui, la mesure s'impose... comme véritable *mesure de salut public!*

La question est plus que mûre : Pour emprunter au citoyen illustre dont nous avons évoqué, au début, les paroles, le langage expressif qui lui était familier, je dirai : elle est « pourrie »... jusqu'à la moëlle... des misérables victimes qui se dressent, avec le cortège des infirmités, d'autant plus cruelles qu'elles sont imméritées — aux regards de ceux dont elles implorent — témoins encore vivants et désintéressés, car ils ne pourront plus en bénéficier — la pitié, la clémence pour les successeurs du lendemain, de l'avenir, fatalement et irrémédiablement exposés, comme eux, au danger.

Leurs cris ne peuvent pas ne pas être entendus!

Ils l'ont été déjà : j'en atteste la visite toute récente du jeune Ministre, dont le nom héréditaire inscrit, en caractères ineffaçables, au glorieux mémorial des défenseurs les plus héroïques de la République et de la démocratie..., constitue la « vraie noblesse » qui oblige.

Sa visite d'abord à l'Association des peintres « le Travail », 50, rue de Maistre, et ensuite au siège du *Syndicat des peintres de Paris.*

Aux uns et aux autres, il a apporté et prodigué les félicitations et les encouragements qui ne peuvent être que le prélude de l'*Acte officiel*, attendu avec une si légitime impatience.

Et si, à notre tour, nous avions l'honneur de lui adresser l'objuration suprême, que nous inspire, avec une conviction profonde, inébranlable, le plaidoyer auquel nous venons de nous consacrer, nous lui dirions :

« Hâtez-vous de prendre et d'édicter la mesure tutélaire qui n'a été que trop différée, pour le malheur de tous ceux — ils sont légion — auquels ce malheur eût pu être évité.

« Les Ministres passent... hélas! parfois trop vite, chez nous, mais leurs actes restent.

« Et celui que nous vous sollicitons instamment d'accomplir, et que vous accomplirez certainement, est de ceux qui honorent le plus un homme de Gouvernement...

« Car, ils touchent, à la fois, aux intérêts les plus hauts, les plus nobles et les plus précieux : ceux que commandent l'humanité, l'amour de son semblable et l'amour de son pays... » (*Vifs applaudissements.*)

ANNEXE XVII

AVIS

du Conseil général des bâtiments civils sur la substitution du blanc de zinc au blanc de céruse dans les travaux de peinture.

(27 février 1901.)

Rapport de M. Moyaux.

Le Comité consultatif d'hygiène publique de France a été saisi de la question de substitution dans les travaux de peinture faits pour le compte de l'État, des départements et des communes, du blanc de zinc au blanc de céruse dont l'emploi cause, comme chacun sait, de fréquents accidents saturnins. Cette question échappant à la compétence technique du Comité, M. le Président du Conseil, Ministre de l'Intérieur et des Cultes, a prié son collègue, M. le Ministre de l'Instruction publique et des Beaux-Arts, de vouloir bien inviter le Conseil général des bâtiments civils à se prononcer sur le point de savoir si, dans les travaux courants de peinture, la substitution du blanc de zinc au blanc de céruse peut avoir lieu sans compromettre la durée de ces travaux, sans nuire à leur aspect et sans augmenter le prix de revient.

Le danger que présente pour la santé des ouvriers l'emploi de la céruse dans les travaux de peinture du bâtiment est connu depuis longtemps, et ce n'est pas pour la première fois que l'attention des pouvoirs publics est appelée sur la question au sujet de laquelle M. le Ministre de l'Intérieur désire connaître l'avis du Conseil général des bâtiments civils. Déjà, il y a cinquante-deux ans, une enquête a été ordonnée à ce sujet et trente-cinq certificats motivés tous par l'expérience et établissant qu'on doit abandonner l'usage du blanc de céruse pour la peinture ont été remis par des architectes choisis parmi les plus renommés : Blonet, Bartaumieux, Lesueur, Lassus, Labrouste, Achille Leclerc, Viollet-le-Duc, Lesoupaché, Pellechet, Duban, Guénepin, etc., pour ne citer que ceux qui nous sont le plus connus.

A la suite de cette enquête, un arrêté en date du 24 août 1849, de M. Lacrosse, alors Ministre des Travaux publics, prescrivit qu'à l'avenir le blanc de zinc serait exclusivement employé dans les travaux de peinture exécutés dans les bâtiments de l'État.

En 1852, M. le Ministre de l'Intérieur, signalant aux préfets la fabrication et le broyage de la céruse comme des opérations éminemment insalubres et que l'emploi des peintures qui contiennent cette substance dangereuse produit également les plus funestes effets pour les ouvriers, prescrivit les mesures nécessaires pour que le blanc de céruse ne fût plus employé dans les travaux de peinture à exécuter aux bâtiments départementaux.

Mais ces prescriptions restèrent inexécutées, sous prétexte, tant est forte la routine, que les essais de substitution du blanc de zinc au blanc de céruse n'auraient pas donné des résultats satisfaisants et qu'on se heurtait, dans la pratique, à des difficultés matérielles de telle nature que les hommes de l'art, ouvriers, entrepreneurs et architectes, prétendaient qu'il n'était pas possible, à égalité de prix, de main-d'œuvre et de durée, de substituer le blanc de zinc au blanc de céruse. Et c'est précisément, dit M. le Président du Conseil, Ministre de l'Intérieur, un élément d'appréciation sur lequel le Comité consultatif d'hygiène publique aurait le plus grand intérêt à être fixé, attendu que s'il importe d'édicter des mesures de préservation de la santé, voire de la vie des ouvriers, il importe aussi de s'assurer que les prescriptions ne seront point encore cette fois considérées comme irréalisables dans la pratique courante.

La céruse (hydrocarbonate de plomb) est très vénéneuse : introduite dans l'organisme par la respiration ou le toucher, elle produit la terrible colique saturnine, la cachexie, trop souvent la mort. En trois années, on a compté récemment, à Paris seulement, parmi les ouvriers peintres ayant fait emploi de céruse, 481 malades et 19 morts. Bien plus, il serait démontré que l'avenir des futures générations est très compromis quand le père ou la mère sont atteints d'intoxication saturnine. Les pouvoirs publics ont donc raison de vouloir apporter remède à un tel état de choses, et le seul remède est de proscrire absolument la céruse dans les travaux de peinture ; tous les hygiénistes sont unanimes sur ce point.

Au broyage, la céruse est maintenant, on peut le dire, sans danger, le broyage se faisant mécaniquement dans l'eau. Mais la céruse est restée dangereuse pendant le ponçage des peintures soignées, le grattage des vieilles peintures et le maniement des enduits.

En plus de ces inconvénients graves, la peinture au blanc de céruse en a d'autres qui obligent à la remplacer par celle au blanc de zinc partout où il y a des émanations sulfurées, c'est-à-dire pour les cabinets d'aisance, les établissements de bains sulfureux, les laboratoires de chimie, les intérieurs éclairés au gaz, parce qu'avec les émanations sulfurées, le blanc de zinc reste blanc, tandis que le blanc de plomb devient noir comme de l'encre.

A cette qualité de rester blanc, le *blanc de zinc en a une autre très importante, celle de n'être pas vénéneux*, mais il présente quelques légers inconvénients que nous devons signaler pour en faire un emploi judicieux, inconvénients qui, si légers qu'ils soient, ont fait cependant que certains entrepreneurs de peinture arriérés, dont le nombre, fort heureusement, diminue à mesure que le blanc de zinc se fait mieux connaître, ce qui est dû à ce que la Vieille Montagne n'est plus seule à fabriquer ce blanc, prétendent que, au point de vue industriel et économique, le blanc de zinc serait inférieur au blanc de céruse pour les enduits qui peuvent se faire sans l'adjonction de la céruse ; pour la peinture, parce qu'il couvrirait moins que le blanc de céruse ; enfin, parce qu'il aurait moins de durée et que, par conséquent, les peintures au blanc de zinc entraîneraient une augmentation de dépense. Mais cette prétention, faite sans preuve, n'est qu'une erreur de la routine dont il convient de faire justice.

Le blanc de zinc est aussi solide, tout au moins dans les intérieurs, et plus beau que le blanc de céruse, qui jaunit rapidement. Son emploi est tout aussi facile que celui du blanc de céruse ; ce n'est qu'habitude à prendre par l'ouvrier, et, quand il a pris cette habitude, il ne veut plus employer le blanc de céruse, sachant ce qu'il lui en coûte.

Il suffit, d'ailleurs, pour que le blanc de zinc couvre aussi bien que le blanc de céruse, de tenir la teinte un peu moins liquide en faisant entrer dans sa composition, comme dans celle des enduits, une plus forte proportion d'huile et moindre d'essence de térébenthine.

La peinture au blanc de zinc sèche moins vite, il est vrai, que celle au blanc de plomb mais on obvie à cet inconvénient, si l'on est pressé, en délayant ce blanc dans des huiles de lin manganésées, ou en y ajoutant des siccatifs spéciaux, tels que le borate de manganèse ou les siccatifs zumatiques qu'on trouve chez tous les fabricants de blanc de zinc.

Est-il démontré que la peinture au blanc de zinc résiste moins bien aux intempéries que la peinture au blanc de plomb? Les uns disent oui, les autres disent non. On ne paraît pas encore suffisamment fixé sur ce point; toutefois la présomption serait plutôt contre le blanc de zinc employé dans la peinture, à l'extérieur. Ce que nous savons positivement, c'est que certains entrepreneurs de peinture ont tout à fait renoncé, dans leurs travaux, à l'emploi de la céruse et qu'ils en sont, ainsi que leurs ouvriers, on ne peut plus satisfaits.

Les résultats sont incomparablement meilleurs à l'intérieur, parce que la peinture, comme nous l'avons déjà dit, reste fraîche tandis que la peinture à la céruse jaunit en très peu de temps.

Quant au prix de revient, il est le même dans les deux cas, quoique le blanc de zinc coûte, au poids, encore plus cher que le blanc de plomb; mais celui-ci pèse plus pour le même volume; le travail fait ne revient pas plus cher avec l'emploi du blanc de zinc.

En résumé, tout milite plutôt en faveur du blanc de zinc, et c'est si vrai que les fabricants de blanc de céruse viennent de diminuer le prix de leur produit. Mais quand on ne devrait au blanc de zinc que d'éviter l'empoisonnement des ouvriers peintres et de leurs enfants, on doit engager à proscrire la céruse dans les travaux de peinture, en coûtât-il un peu plus; tel est l'avis de votre rapporteur.

AVIS

du Conseil général des bâtiments civils

Sur la substitution du blanc de zinc au blanc de céruse dans les travaux de peinture faits par l'État.

(Extrait du procès-verbal de la séance du 27 février 1901.)

Le Conseil,

Consulté par M. le Ministre de l'Instruction publique et des Beaux-Arts, à la demande de M. le Président du Conseil, Ministre de l'Intérieur et des Cultes, sur la question de savoir s'il est possible, dans la pratique, de substituer l'emploi du blanc de zinc à celui du blanc de céruse dans les travaux de peinture faits au compte de l'État, des départements et des communes :

Après avoir entendu M. Moyaux, inspecteur général des bâtiments civils, en son rapport en date de ce jour et dans ses conclusions ;

Considérant tout d'abord que le danger que présente l'emploi du blanc de céruse tient pour beaucoup à l'imprudence et au manque de précautions des ouvriers ;

Considérant d'autre part que le blanc de zinc est dans les peintures intérieures aussi solide que le blanc de céruse et d'une plus belle couleur et que son emploi est tout aussi facile pour l'ouvrier qui en a acquis l'habitude ;

Qu'il importe toutefois de remarquer :

Qu'il paraît résulter des expériences faites, qu'il résiste moins bien, pour les peintures extérieures, aux intempéries que le blanc de céruse et exigerait par suite un renouvellement plus fréquent ;

Que d'autre part son prix de revient peut être considéré comme équivalent au prix du blanc de céruse, ainsi qu'il ressort de la note ci-annexée, mais que la dépense d'entretien se trouverait supérieure, dans les peintures extérieures, par suite du renouvellement plus fréquent, dont il vient d'être parlé :

En conséquence et conformément aux conclusions de M. le Rapporteur ;

Est d'avis,

Que la substitution du blanc de zinc au blanc de céruse pourrait avoir lieu sans compromettre la durée des travaux pour les peintures intérieures, sans nuire à leur aspect et sans augmenter leur prix de revient :

Mais en ce qui concerne les peintures extérieures, que la durée en serait moindre.

Pour le secrétaire :

Le Secrétaire adjoint,	*Le Président,*
E. Aubé.	Roujon.

---

(1) Voir ci-après.

COMPARAISON

Des prix de revient d'emploi de blanc de céruse et de blanc de zinc dans les peintures à l'huile.

(Note annexée à l'avis ci-dessous du Conseil général des bâtiments civils.)

Pour les 2e et 3e couches, il entre dans la composition d'un kilogramme de peinture environ 750 grammes de céruse ou blanc de zinc.

Le kilogramme de blanc de céruse coûte.................... 0 fr. 65
Le kilogramme de blanc de zinc coûte....................... 0 68

Un kilogramme de peinture couvre 10 mètres superficiels.
D'après les éléments qui précèdent, il résulte que dans un kilogramme de peinture :

Le blanc de céruse figure pour.......................... 0 gr. 4875
Le blanc de zinc figure pour............................ 0 5100

et que par conséquent 1 kilogramme de peinture reviendra à 0 fr. 0225 plus cher préparée au blanc de zinc au lieu de blanc de céruse et comme 1 kilogramme couvre 10 mètres superficiels, il ressort qu'une couche de peinture au blanc de zinc ne donnerait lieu qu'à une plus-value de 0 fr. 0225 par mètre sur les prix en usage pour les peintures au blanc de céruse.

ANNEXE XVIII

AVIS

du Comité consultatif d'hygiène publique de France sur la substitution du blanc de zinc au blanc de céruse.

M. Ogier, rapporteur.

(4 mars 1901.)

Messieurs, une lettre de M. le Ministre de l'Intérieur, du 14 janvier 1901, invite le Comité consultatif d'hygiène publique « à délibérer sur la substitution du blanc de zinc au blanc de céruse dans les travaux de peinture exécutés pour le compte des administrations ».

La demande de M. le Ministre de l'Intérieur a pour point de départ une lettre de M. le Ministre des Travaux publics, ainsi conçue :

« L'attention de mon administration a été appelée sur les dangers que présente pour la santé des ouvriers employés aux travaux de peinture *l'usage des sels de plomb et particulièrement de la céruse.* Le syndicat des peintres de Paris, après s'être attaché à faire ressortir le caractère nocif de ces sels, a demandé que partout l'emploi du blanc de zinc fût substitué à celui de la céruse; il a même été jusqu'à conclure la prohibition absolue de la fabrication et de la vente de ce dernier produit.

« Il ne m'appartient pas d'examiner s'il conviendrait de prendre des mesures spéciales en vue de réglementer la fabrication et la vente de la céruse. Mais je suis tout disposé à faire étudier par les services placés sous mes ordres la question de savoir si la substitution du blanc de zinc à la céruse, dans les travaux de peinture exécutés pour le compte de mon administration, peut être prescrite sans inconvénient au point de vue technique. Une circulaire dans ce sens vient d'être adressée par mes soins aux ingénieurs en chef. Je vous serais obligé de vouloir bien de votre côté, et pendant que cette instruction technique se poursuivra, appeler le Comité consultatif d'hygiène publique à délibérer sur les questions soulevées par le syndicat des peintres de Paris.

« Je vous laisse d'ailleurs le soin de décider s'il ne conviendrait pas d'inviter dès à présent nos collègues des autres départements à prescrire dans leurs services respectifs une enquête technique analogue à celle qui va être ouverte par les soins de mon administration. »

La question qui est soumise au Comité est loin d'être nouvelle; on peut même s'étonner qu'elle n'ait pas été tranchée plus vite et plus complètement. Nous n'avons pas l'intention d'en refaire l'historique, et nous nous contenterons de rappeler qu'il y a déjà 120 ans que Courtois présentait à l'académie de Dijon un blanc de zinc remarquable par son inaltérabilité; qu'en 1783, Guyton de Morveau en préconisait l'emploi, tant pour des motifs d'hygiène qu'en raison des propriétés chimiques de ce produit. Les patentes anglaises d'Atkinson datent de 1796. Malgré les rapports favorables des hommes les plus éminents de cette époque, Fourcroy, Berthollet, Vauquelin, la peinture au blanc de zinc ne s'est pas répandue en France jusqu'aux travaux de *Leclaire* (1849), *qui a réussi à fabriquer l'oxyde de zinc en grand au même prix que la céruse et qui a obtenu une série de couleurs à base de zinc inaltérables par les vapeurs sulfurées;* c'est le même Leclaire qui a indiqué un procédé de préparation d'une huile siccative exempte de plomb (à base de manganèse); c'est lui, enfin, qui, par ses efforts persévérants, a fait entrer dans la pratique la peinture au blanc de zinc. On trouvera dans le rapport de A. Chevallier à la Société d'encouragement (1849) (1) d'intéressants renseignements sur les travaux de Leclaire et sur les nombreuses approbations qu'apportaient, dès cette époque, à l'idée de substitution du blanc de zinc au blanc de céruse les hommes les plus compétents au point de vue technique et en matière d'hygiène.

On nous permettra de remettre sous les yeux du Comité une circulaire adressée par le Ministre de l'Intérieur aux préfets en février 1852; elle présente fort bien l'état de la question à cette époque, et il n'y a maintenant rien de changé, sinon que la fabrication de la céruse, ayant fait les progrès prévus, a cessé d'être une industrie très meurtrière. Quant aux conclusions de cette circulaire, on pourrait les reproduire aujourd'hui sans les modifier en rien. Voici ce document ;

« Monsieur le préfet, la fabrication et le broyage de la céruse sont depuis longtemps signalés comme des opérations éminemment insalubres. L'emploi des peintures qui admettent cette substance produit également les plus funestes effets parmi les ouvriers peintres. En ce qui touche la fabrication, elle pourrait, grâce à des perfectionnements récents, devenir jusqu'à un certain point inoffensive; mais il est à craindre que ces perfectionnements ne soient pas toujours réalisés par les fabricants; quant à l'emploi de la céruse, il est certain que des précautions de diverses natures peuvent bien en affaiblir, mais non en paralyser complètement la pernicieuse influence. L'intérêt de la santé d'une classe nombreuse d'ouvriers réclame donc à cet égard toute la sollicitude de l'autorité supérieure.

« *Déjà un arrêté émané du Ministère des Travaux publics, à la date du 24 août 1849, prescrit la substitution du blanc de zinc au blanc de céruse dans les travaux de peinture à exécuter dans les bâtiments de l'État.* Depuis, une Commission instituée au même ministère, en 1850 et 1851, et composée des hommes les plus compétents a étudié cette question avec un soin tout spécial ; elle est tombée d'accord sur les dangers de la fabrication et de l'emploi de la céruse et sur la nécessité de la remplacer par le blanc de zinc. D'après les conclusions de cette Commission, la préparation, l'emploi et le grattage de la peinture au blanc de zinc ne paraissent présenter aucun danger pour la santé de l'ouvrier. En outre, cette peinture a des qualités de durée, de solidité et d'éclat qui ne se retrouvent pas au même degré dans la peinture au blanc de céruse ; enfin, s'il y a aujourd'hui entre l'une et l'autre égalité de prix, il est permis d'espérer que la peinture au blanc de zinc pourra bientôt être établie à des prix inférieurs.

« En présence de ces conclusions, Monsieur le Préfet, je crois devoir vous inviter à prendre les mesures nécessaires pour que le blanc de zinc soit employé généralement dans les travaux de peinture à exécuter dans les bâtiments départementaux. Une prescription exclusive et absolue risquerait d'apporter une perturbation trop subite dans l'importante fabrication de la céruse ; mais il est essentiel, au moins, que des essais comparatifs de l'une et de l'autre peinture soient faits sur une large échelle, de telle sorte que la préférence puisse être accordée à celle des deux dont l'expérience aura démontré la supériorité, au double point de vue sanitaire et économique.

---

(1) Rapport fait à la Société d'encouragement par M. A. Chevallier sur la substitution du blanc de zinc ou des couleurs à base de zinc au blanc de plomb, etc. — Paris, 1849.

« Vous donnerez, dans ce sens, des instructions aux architectes chargés des édifices départementaux ; vous transmettrez aussi les mêmes recommandations aux maires des communes de votre département en ce qui touche les bâtiments communaux.

« *Le Ministre de l'Intérieur, de l'Agriculture et du Commerce,*
« F. DE PERSIGNY (1) ».

Le Comité n'ayant à donner son opinion que sur le côté hygiénique du sujet, notre enquête aurait pu être des plus brèves, et nous aurions pu nous borner à émettre des conclusions qui ne différeraient pas sensiblement de celles formulées dans la circulaire de 1852. — Toutefois, c'est une besogne ingrate que de donner des avis qui pourraient n'être pas applicables par suite de difficultés trop grandes dans l'emploi des substances préconisées; ainsi nous avons cru qu'il nous était permis, sans sortir de notre rôle, de recueillir sur le côté technique de la question les opinions de personnes autorisées ; c'est ainsi que, votre Commission a entendu les explications de MM. Expert-Bezançon, Lefebvre, Bruzon, et plusieurs autres représentants de l'industrie de la céruse, — MM. Redouly de la maison Leclaire, Warnet, Manger, entrepreneurs, partisans résolus de la peinture au blanc de zinc, Craissac, délégué des Syndicats ouvriers, Houppe, président de la Chambre syndicale des entrepreneurs de peinture, etc. — On devine sans peine que les avis que nous avons recueillis n'ont pas toujours été concordants ; nous pensons toutefois qu'il n'est pas difficile de se faire une idée juste de l'état de la question.

I. *Fabrication de la céruse.* — L'une des raisons les plus valables jadis pour faire proscrire l'emploi de la céruse était tirée des dangers énormes qu'offrait pour les ouvriers la fabrication même de ce produit. Il n'est que juste de reconnaître et de proclamer hautement

(1) Avant la circulaire de 1852, le Ministre des Travaux publics avait déjà prescrit l'emploi du blanc de zinc, ainsi qu'il résulte des deux pièces ci-dessous :

Lettre du Ministre des Travaux publics au directeur de la Société du blanc de zinc, lui faisant connaître les conclusions du rapport de la Commission spéciale nommée par son ordre le 20 décembre 1848.

« Monsieur,

« Suivant le désir que vous m'avez exprimé, j'ai chargé une Commission spéciale d'examiner, au double point de vue de la salubrité dans la fabrication et de la valeur industrielle et artistique des produits, le procédé proposé par M. Leclaire pour arriver à la suppression du blanc de céruse dans les travaux de peinture.

« La Commission vient de me remettre son rapport; j'ai l'honneur de vous en faire connaître les conclusions.

« Au point de vue de la salubrité, la Commission regarde comme étant dès à présent incontestables les avantages de la substitution de l'oxyde de zinc à la céruse, en raison des effets nuisibles que cette dernière matière produit fréquemment, principalement sur les ouvriers et sur les personnes exposées à séjourner dans des habitations récemment peintes.

« Au point de vue industriel et artistique, elle pense : 1° que les peintures, ayant pour base l'oxyde de zinc, seront plus inaltérables n'étant surtout aucunement attaquables par les émanations sulfureuses, comme sont nécessairement les peintures à la céruse; 2° que l'oxyde de zinc peut procurer des tons au moins aussi frais et aussi beaux que la céruse; 3° enfin qu'il y a lieu d'espérer que l'emploi de l'oxyde de zinc dans les peintures purement artistiques empêchera l'altération si rapide des tons qui se fait remarquer dans la plupart des tableaux modernes.

Le Ministre des Travaux publics,
« VIVIEN. »

Arrêté du Ministre des Travaux publics.

Le Ministre des Travaux publics,

Considérant qu'il importe, dans l'intérêt de la santé des ouvriers peintres, de substituer le blanc de zinc au blanc de céruse dans les travaux de peinture exécutés par l'État,

Arrête ce qui suit :

A l'avenir le blanc de zinc sera exclusivement employé dans les travaux de peinture à l'huile exécutés dans les bâtiments de l'État par les ordres du Ministre des Travaux publics.

Fait à Paris, le 24 août 1849.

T. LACROSSE.

les progrès considérables qui ont été réalisés dans cette industrie. Le temps est loin où le métier de fabricant de céruse, suivant l'expression d'un des industriels que nous avons entendus, équivalait presque *au métier de bourreau*. — D'anciennes usines ont disparu, celle de Clichy notamment, et ont été remplacées par d'autres pourvues d'un meilleur outillage; toutes les opérations de raclage, broyage se font en présence de l'eau; le travail à sec a été supprimé presque complètement, sauf de rares exceptions qui devraient disparaître (1). La céruse n'est plus livrée en poudre (2), mais sous forme de pâte à l'huile, conditions avantageuses à la fois pour ceux qui fabriquent le produit et pour ceux qui l'emploient. Le broyage de la céruse en présence de l'eau, le mélange avec l'huile, l'élimination de l'eau, toutes ces opérations se font dans des appareils où la formation des poussières est à peu près impossible. — L'instruction rédigée en 1881 par le Conseil d'hygiène de la Seine *sur les mesures à prendre dans les usines, ateliers, chantiers où l'on se livre à la fabrication ou à la manipulation du plomb et de ses dérivés* a eu de bons résultats. En dehors des progrès réalisés dans l'installation des ateliers et des appareils, des mesures sévères et efficaces ont été prises pour l'hygiène des ouvriers : interdiction de prendre des aliments quelconques dans l'intérieur des ateliers; obligation pour les ouvriers de déposer dans des vestiaires avec cases individuelles leurs vêtements de ville et de ne travailler qu'avec des costumes spéciaux; installations de lavabos pratiques, à eau chaude; douches, bains sulfureux ou autres mis à la disposition du personnel; distribution gratuite de lait à plusieurs heures de la journée; inspection médicale régulière et sérieuse; tels sont les principaux progrès qui ont été réalisés dans nombre d'établissements bien tenus, et dont nous avons vu, en particulier, la mise en pratique dans l'une des principales fabriques de céruse, celle de M. Expert-Bezançon, qui peut passer pour un modèle. — L'industrie du minium, plus dangereuse encore que celle de la céruse, a fait aussi des progrès, et il n'est pas douteux que le procédé aujourd'hui suivi, par le nitrate de soude, soit moins funeste que l'ancien système; le minium est encore livré en poudre, mais des précautions efficaces ont été prises pour éviter la dissémination des poussières pendant le broyage, l'embarillage, etc., notamment par l'emploi de bons ventilateurs. — L'emploi des masques empêchant l'arrivée des poussières dans les organes respiratoires a été souvent recommandé, mais sans beaucoup de succès d'ailleurs, les ouvriers ne se soumettant guère à l'usage de ces appareils qui leur imposent une gêne trop réelle.

On a enfin reconnu la nécessité de surveiller attentivement l'embauchage des ouvriers, d'éliminer ceux qui présentent des tares physiologiques notoires, de mettre momentanément au repos ceux qu'atteignent des accidents saturnins légers, et au besoin de les exclure définitivement du travail de la céruse.

Grâce à toutes ces mesures, les accidents sont devenus rares; assurément le saturnisme n'a pas disparu des fabriques de céruse, et le liséré bleu des gencives y est encore fréquemment constaté. Mais les cas graves sont exceptionnels, et nous avons eu la preuve, par l'examen des registres ou des documents qui nous ont été transmis par des médecins de fabrique, que, dans une céruserie bien dirigée, il arrive qu'on passe une année entière sans observer un accident de saturnisme vraiment sérieux.

Comme le dit M. A. Gautier dans son rapport au Conseil d'hygiène et de salubrité (3) sur l'*intoxication saturnine à Paris pendant la période* 1894-1898, dans les périodes antérieures à l'instruction de 1881, les professions principales, rangées d'après le nombre des saturnins qu'elles fournissaient, étaient les suivantes :

1° Peintres, enduiseurs, ponceurs.
2° Cérusiers et fabricants de minium.
3° Polisseurs de caractères d'imprimerie.

---

(1) Il nous a été dit qu'une compagnie de chemin de fer exige encore la livraison de la céruse en poudre.

(2) Voir Rapport de M. Napias : *Recueil des travaux du Comité consultatif d'hygiène*, t. XVIII, p. 99.

(3) Compte rendu des séances du Conseil d'hygiène et de salubrité du département de la Seine, 1899, p. 437.

4° Fondeurs.
5° Plombiers.
6° Étameurs et chaudronniers.
7° Typographes.

D'après un tableau précédent qui indique, pour la période 1894-1898, le nombre des malades saturnins fournis à Paris par chaque profession, on voit que les peintres en bâtiments, enduiseurs, ponceurs, gratteurs de couleurs, badigeonneurs, tiennent toujours le premier rang, tandis que les cérusiers, qui étaient au second rang en 1881, sont heureusement tombés au sixième et n'ont plus qu'une moyenne de quatre malades par an, au lieu de cent quatre-vingt quinze qu'ils envoyaient à l'hôpital au cours de la période 1876-1880. « Il faut reconnaître cependant, ajoute M. Gautier, que c'est ici une conséquence, moins peut-être de l'application de l'instruction dressée par le Conseil d'hygiène que de la disparition de l'usine de Clichy, qui fabriquait et broyait la céruse à sec, méthode très défectueuse, que d'autres usines, détachant la céruse sous l'eau et broyant à l'huile, ont depuis fait disparaître (1). »

Si l'on cherche à se rendre compte de la gravité des accidents en appréciant le nombre de jours d'hospitalisation des malades que fournissent les diverses professions du plomb, les cérusiers ne viendraient qu'au onzième ou douzième rang. Nous remarquons enfin, toujours dans le rapport de M. A. Gautier, que, dans la période quinquennale 1894-1898, sur quatre-vingt-six cas d'empoisonnements saturnins terminés par la mort, aucun n'est attribué aux cérusiers.

Nous concluons donc de ce qui précède que, si la céruse reste une fabrication insalubre, les dangers qu'elle présente sont en grande partie évitables et très souvent évités.

Les mêmes progrès ont-ils été réalisés dans l'hygiène des ouvriers qui emploient la céruse, et en particulier dans la nombreuse corporation des peintres en bâtiments, dont nous devons nous occuper plus spécialement? — Si nous consultons encore le rapport de M. A. Gautier, pour la ville de Paris, les entrées à l'hôpital pour accidents saturnins chez les peintres, broyeurs de couleurs, badigeonneurs, ont été en 1894, 265; en 1895, 218; en 1896, 216; en 1897, 257; en 1898, 159. Pour ce qui est de la gravité des accidents appréciée par la durée du séjour à l'hôpital, les peintres en bâtiment viendraient au huitième rang, après les fondeurs, ciseleurs, vernisseurs, broyeurs, serruriers, étameurs, plombiers, et avant les verriers et cérusiers. Dans cette même période quinquennale de 1894-1898, les cas de mort par saturnisme chez les peintres en bâtiment à Paris ont été de 43, la moitié du chiffre total des morts causées par les industries du plomb. Bien que répartis sur un très grand nombre d'individus, ces chiffres paraîtront encore fort élevés.

Il y a une diminution très appréciable dans le nombre des cas de saturnisme chez les peintres pour la dernière année de cette période. Convient-il d'en déduire, comme le font trop volontiers les partisans de la céruse, que l'emploi de cette substance ne présentera bientôt plus de dangers? Ne serait-ce pas plutôt parce que l'usage de l'inoffensif blanc de zinc est dès à présent assez répandu? (2).

Il n'est pas douteux qu'un bon nombre des cas de saturnisme chez les peintres travaillant à la céruse pourraient être évités si les précautions nécessaires étaient plus rigoureusement observées. Ainsi, les enduiseurs ne consentent pas tous, il s'en faut, à se servir du couteau spécial destiné à tenir la provision d'enduit, qu'ils préfèrent prendre directement dans la main gauche; l'absorption du poison, déjà possible par la peau saine, est rendue plus facile en raison des petites coupures que produit le contact continuel du couteau à enduire. Le lavage des mains, avant le repas, est souvent insuffisant. Enfin, sans calomnier l'honorable corporation des peintres en bâtiment, il nous sera permis de rappeler que

(1) Voir : *Recueil des travaux du Comité consultatif d'hygiène*, rapport de M. Napias, t. XVIII, p. 99.

(2) On doit craindre que, pour l'année 1899-1900, il n'y ait une augmentation sérieuse dans le nombre des accidents, en raison des travaux considérables exécutés pour l'Exposition, dans des conditions défectueuses, avec une hâte excessive, et souvent par des ouvriers inexpérimentés.

l'alcoolisme n'est pas rare parmi eux, que l'habitude du *raccord*, c'est le terme du métier, est trop répandue, que les raccords sont trop nombreux dans la journée, et que la consommation de l'absinthe en particulier est souvent excessive. Beaucoup d'intoxications saturnines, se greffant sur des tempéraments affaiblis par l'alcool, prennent une gravité particulière, et sans doute il est arrivé plus d'une fois que des accidents attribués à la céruse auraient dû être mis sur le compte de l'alcoolisme seul.

Quoi qu'il en soit, il ne faut pas espérer de voir disparaitre complètement le saturnisme chez les peintres maniant la céruse ; car on ne peut exercer sur des hommes travaillant dans les conditions où se trouvent habituellement les peintres en bâtiments une surveillance efficace, ni réaliser des mesures de protection comme celles qui sont applicables dans une usine.

Blanc de zinc. — La fabrication du blanc de zinc ne présente que des dangers minimes, l'absorption des poussières d'oxyde, qui sont peu toxiques (à moins cependant que le zinc ne soit arsenical), peut être évitée par des ventilations bien comprises, par le tamisage et l'embarillage du produit dans des appareils clos.

Quant à l'emploi de la peinture à base d'oxide de zinc, elle ne cause point d'accidents et, sous ce rapport, sa supériorité sur le blanc de céruse est indiscutable.

Ainsi que je l'ai dit précédemment, votre Commission a cherché, en consultant des hommes du métier, à s'éclairer sur les difficultés et sur les avantages que peut présenter l'emploi du blanc de zinc dans la peinture en bâtiments.

Il est certain que beaucoup d'entrepreneurs se servent du blanc de zinc à l'exclusion du blanc de céruse : le blanc de zinc est même généralement considéré comme fournissant des couches d'un blanc plus pur, plus frais que la céruse ; il a de plus, comme chacun sait, l'avantage très sérieux de se transformer sous l'influence des gaz ou vapeurs sulfurés en un sulfure qui est blanc, tandis que, dans les mêmes conditions, la céruse noircit.

Les entrepreneurs de peinture reconnaissent pour la plupart qu'il n'y a aucune difficulté, et même quelque avantage, dans l'utilisation du blanc de zinc pour les couches de peinture proprement dites au-dessus des enduits. Pour les enduits eux-mêmes, les avis sont partagés ; l'enduit au zinc *sèche* un peu plus lentement, d'où perte de temps ; le travail *d'étalage* est un peu différent, mais non pas plus difficile, croyons-nous, qu'avec la céruse. Nous avons eu la preuve que l'enduisage peut très bien se faire avec une pâte exclusivement préparée à l'oxyde de zinc. Il y a quelque hésitation dans les opinions émises à propos de la *solidité* du blanc de zinc appliqqé aux peintures à l'extérieur des bâtiments, et certains architectes prescrivent encore la céruse pour ce genre de travaux. Pour les rebouchages, les mastics au zinc durcissent moins bien ; pour les *teintes dures*, destinées à être poncées, la céruse conviendrait mieux que le zinc ; il en est de même pour le marouflage des toiles.

Ainsi, pour quelques travaux assez restreints, certains peintres prétendent que la céruse est indispensable ; mais d'autres affirment qu'elle est partout et dans tous les cas remplaçable par le blanc de zinc. Il est dès à présent établi que quelques entrepreneurs font tous leurs travaux à l'aide de blanc de zinc exclusivement.

Beaucoup aussi emploient le blanc de zinc mélangé à des proportions variables de céruse (par exemple dans certaines peintures toutes préparées, comme le ripolin, dont on fait aujourd'hui une grande consommation). Il arrive même parfois, si l'on examine des peintures que les entrepreneurs ou ouvriers disent être faites avec du blanc de zinc seul, que l'on constate par leur noircissement plus ou moins prononcé en présence du sulfhydrate d'ammoniaque ou du sulfure de sodium, qu'elles renferment du plomb en quantités notables. Ceci peut tenir à plusieurs causes.

L'oxyde de zinc est quelquefois fabriqué avec des minerais contenant du plomb, dont une partie passe dans le produit définitif : c'est alors une impureté accidentelle. Mais l'usage de ces minerais tend à se restreindre. D'autre part, nous avons vu noircir sous l'influence du sulfhydrate des enduits fabriqués à l'oxyde de zinc réellement exempt de plomb. Ce fait s'explique par la présence très abondante de siccatifs préparés par le chauffage des huiles avec la litharge. Au contraire, dans les peintures au zinc employées pour les couches au-dessus des enduits, le siccatif est beaucoup moins abondant et les doses de plomb sont si faibles que les réactions du métal n'apparaissent pas (1).

Ces explications nous ont paru utiles pour montrer comment des peintres croyant de très bonne foi employer de l'oxyde de zinc seul, se servent de couleurs qui en réalité renferment encore du plomb.

On dit généralement comme une vérité indiscutablement établie que le blanc couvre moins que la céruse. Il ne serait pas difficile cependant de recueillir des opinions tout à fait opposées, émanant de voix très autorisées. On en trouve la preuve dans les notes placées à la fin du rapport de M. Chevallier sur les travaux de Leclaire. Certains entrepreneurs affirment aujourd'hui que les céruses actuelles, broyées avec de l'eau, sont inférieures aux céruses anciennes et qu'elles couvrent moins que le blanc de zinc.

La différence entre les prix de revient des deux peintures est extrêmement minime ; d'après des expériences faites récemment au palais de justice par les soins de la Société « Le Travail », cette différence serait de 0 fr. 0152 en plus pour le zinc par mètre superficiel, en tenant compte à la fois du prix de revient des matières employées et du prix de la main-d'œuvre. Ces chiffres ne sauraient être absolus, car le prix des matières premières est lui-même variable.

D'où vient que la substitution très désirable du blanc de zinc au blanc de céruse est si lente à se faire ?

Il y a là, nul n'en saurait douter, une question de routine contre laquelle il convient de réagir. Le mode d'emploi des deux peintures n'est pas absolument le même ; le travail est peut-être un peu plus difficile avec le blanc de zinc ; en tout cas, il n'est pas identique au travail de la céruse. Par là s'explique la résistance que font à l'emploi du blanc de zinc un un bon nombre d'ouvriers habitués depuis leurs débuts à l'usage de la céruse.

En résumé, deux produits principaux, la céruse et l'oxyde de zinc, sont employés comme matières fondamentales dans la peinture en bâtiments.

Si l'on consulte des hommes compétents et sans partis pris, on acquiert la certitude que le blanc de zinc peut être sans difficultés spéciales de main-d'œuvre, sans augmentation appréciable de prix de revient, substitué au blanc de céruse dans la presque totalité des travaux de peinture, quelques-uns disent même dans tous les travaux de peinture sans exception.

Or, s'il est vrai que la fabrication de la céruse, autrefois si meurtrière, est devenue, grâce aux perfectionnement des méthodes et appareils et à de sages mesures d'hygiène, infiniment moins insalubre qu'autrefois, il est certain, d'autre part, que l'emploi de ce produit par les peintres en bâtiment est resté dangereux et fait encore chaque année beaucoup de victimes.

La fabrication du blanc de zinc ne présente pas de dangers spéciaux dus à des propriétés toxiques du métal mis en œuvre. Et l'on n'a pas constaté d'accidents dans l'application des couleurs à base de zinc.

Dans ces conditions, les hygiénistes ne peuvent que désirer de voir se répandre de plus en plus l'emploi des couleurs à base de zinc. Ils auront même quelque droit de s'étonner qu'après tant d'années écoulées depuis les premières applications du blanc de zinc la substitution ne soit pas encore plus radicalement effectuée.

Irons-nous jusqu'à demander, comme l'a fait le syndicat des ouvriers peintres, l'interdiction de la fabrication et de la vente de la céruse ? — Assurément non, une telle mesure serait inapplicable et illogique, puisque la céruse a dans l'industrie, notamment en céramique, des emplois autres que la peinture, et puispu'en somme nous ne sommes pas absolument sûrs qu'elle ne soit pas indispensable pour quelques travaux de peinture. Si l'on entrait dans cette voie, il faudrait encore supprimer d'autres couleurs à base de plomb, non

(1) Nous rappellerons qu'il existe des huiles siccatives exemptes de plomb, celles par exemple au borate de manganèse, dont il y aurait lieu de propager l'emploi.

moins dangereuses que la céruse, comme les chromates et le minium surtout, dont l'importance est grande et dont le remplacement par une couleur inoffensive n'apparaît pas encore comme pratique.

Nous vous proposerons donc de répondre à la question posée par le Ministre de l'Intérieur que :

La substitution des peintures à base d'oxyde de zinc aux peintures à base de céruse est tout à fait désirable au point de vue de l'hygiène ;

Cette substitution semble possible dans la très grande majorité des travaux de peinture ;

Par suite, les administrations de l'État donneraient un exemple salutaire, feraient une œuvre d'hygiène très utile en prescrivant, chaque fois que cela sera possible, la substitution du blanc de zinc au blanc de céruse dans les travaux exécutés pour le compte de ces administrations.

Conclusions approuvées par le Comité consultatif d'hygiène publique de France, en assemblée générale, le 4 mars 1901.

ANNEXE XIX

Extrait du dictionnaire encyclopédique des sciences médicales.
Peintres en bâtiment (Hygiène publique), sous la signature de L. HAHN.

Un triple danger menace les peintres en bâtiment et les vernisseurs. C'est d'abord celui que présente l'inhalation des poussières, avec leur action irritante sur les voies respiratoires et abstraction faite des propriétés qui peuvent encore les rendre nuisibles à un autre point de vue; c'est ensuite la nature même des couleurs avec lesquelles les peintres se trouvent en contact; elles peuvent être composées de substances toxiques, sels de plomb, d'arsenic, etc.

Les peintres en bâtiment et les badigeonneurs, avant d'appliquer une nouvelle couche de peinture sur les murs des appartements, grattent les anciennes couches et le plâtre, et produisent ainsi une abondante poussière qui pénètre dans leurs voies respiratoires; de même, en broyant et délayant leurs couleurs, ils sont exposés à absorber des poussières d'autant plus nuisibles que souvent elles sont vénéneuses.

Dans aucun cas la proportion des phtisiques ne s'abaisse au-dessous de 18 0/0 chez les peintres et les vernisseurs, de même que chez les teinturiers la phtisie fournit même le quart de toutes les maladies. Le catarrhe chronique des bronches est surtout fréquent chez les peintres qui, comme les verriers, sont exposés à inhaler, outre les poussières plombifères, toutes sortes d'autres poussières. La pneumonie est la plus fréquente chez les badigeonneurs. L'ensemble des affections pulmonaires représente de 35 à 50 0/0 de toutes les maladies; les peintres sont en première ligne, les vernisseurs ne viennent qu'au cinquième rang, les badigeonneurs au dernier.

Hirt reconnaît lui-même les défauts de sa statistique, mais la considère comme suffisante pour démontrer la prédominance des affections respiratoires chez les ouvriers exposés à l'inhalation des poussières plombifères et la nécessité de rechercher des moyens prophylactiques à y opposer.

D'après Shann, l'âge moyen des ouvriers peintres ne dépasserait pas trente-cinq ans.

L'attention a déjà été attirée sur les dangers que présentent les couleurs toxiques pour les personnes que leur travail professionnel met en contact avec elles. Les plus dangereuses sont celles qui renferment du plomb ou de l'arsenic. Les couleurs arsenicales sont surtout employées dans les papiers peints. Pour les professions que nous allons passer en revue maintenant, c'est le plomb qui constitue le grand danger.

On sait que le plomb porte son action particulièrement sur l'appareil digestif (colique des peintres), sur les articulations (arthralgie), sur le système nerveux (tremblements convulsifs, paralysies). Ce qui domine chez les peintres et les vernisseurs, ce sont les coliques et l'arthralgie.

Ce sont les peintres en bâtiment et surtout les badigeonneurs qui sont le plus exposés à l'intoxication saturnine. Pour obvier à cet inconvénient, on a cherché à substituer des couleurs inoffensives à la céruse; celle-ci une fois détrônée, il n'y aurait plus de cérusiers, il n'y aurait plus de coliques chez les broyeurs, les marchands de couleurs, les peintres, etc. « On est presque honteux, dit Napias, de penser que cette question, qui intéresse si fort l'hygiène publique, qui touche de si près à l'intérêt de centaines de mille d'ouvriers, est pendante depuis un siècle, et que, dès 1783, Guyton de Morveau proposait de substituer le zinc au plomb. Le blanc de zinc est capable de donner les mêmes résultats que le blanc de céruse; chaque fois que les commissions de savants, de chimistes, d'architectes, etc., ont étudié la question, il a été reconnu que le blanc de zinc ne le cédait pas au blanc de plomb. Mais la routine incurable s'est opposéee à la généralisation de ce procédé de peinture. La routine a trouvé une formule. » Le blanc de zinc couvre moins que le blanc de plomb. Et le nombre incommensurable de ceux qui se payent de formules a répété l'aphorisme et l'a tenu pour indiscutable vérité. C'est vainement que Chevalier, que Tardieu, que le Comité des arts et manufactures, que le Comité consultatif d'hygiène, etc., ont émis leur avis : la formule sacramentelle était trouvée, la routine l'opposait victorieusement à tout argument. La pratique même de chaque jour, une pratique de plus de trente ans aujourd'hui, n'a pas vaincu l'implacable sottise des routiniers, et, quoiqu'un industriel intelligent et philanthrope, Leclaire, ait créé une maison qui emploie exclusivement le blanc de zinc, et qui en consomme chaque année 70.000 kilogrammes, la routine continue de nier, et chaque année elle envoie à la mort des centaines d'ouvriers et elle en estropie des milliers.

On trouve dans une sorte d'enquête faite alors 35 certificats motivés tous par des expériences et établissant qu'on doit abandonner le blanc de céruse pour le blanc de zinc. Ces certificats émanent des architectes les plus distingués de l'époque. Le 24 août 1849, parut un arrêté de Lacrosse, Ministre des Travaux publics, dont voici la teneur :

« A l'avenir, le blanc de zinc sera exclusivemsnt employé dans les travaux de peinture à l'huile exécutés dans les bâtiments de l'Etat par ordre du Ministre des Travaux publics. »

Citons ici un extrait d'un rapport de la Commission des architectes de la Villa : « La céruse absorbe seulement 30 0/0 de son poids d'huile, tandis que le blanc de zinc se mélange avec un poids d'huile égal au sien, et la solidité de la peinture dépend de la proportion d'huile employée. Le blanc de zinc n'est pas plus cher que la céruse. En résumé, la peinture au blanc de zinc étant plus économique, plus belle, plus durable que l'autre, il convient d'inviter les architectes à l'adopter dans leurs travaux. » Puis cet extrait d'un rapport d'une commission nommée par le Ministre de la Marine; il est dit que le blanc de zinc couvre plus de surface que la céruse, dans la proportion de 1,20 à 1,50 pour 1, et que l'emploi du blanc de zinc procure par suite un avantage de 5 à 14 0/0.

Mentionnons aussi une circulaire ministérielle de 1852, dont la Commission des logements insalubres ne cesse de demander la mise en vigueur.

Voilà pour le blanc de zinc (oxyde de zinc). Indépendamment de celui-ci, il y a un sulfure de zinc qui s'obtient aisément par le procédé de Douhet, en précipitant par le sulfure de baryum une solution de sulfate de zinc (résidu des piles électriques). On obtient ainsi un mélange de sulfure de zinc et de sulfate de baryte, tous deux blancs et insolubles. Ce mélange, utilisé pour la peinture à l'huile, porte dans le commerce le nom de *blanc métallique*. Une autre raison, c'est que la peinture au blanc de zinc demande un peu plus de soin et de délicatesse que la peinture à la céruse. Une troisième raison, c'est que la fraude est plus facile avec le blanc de céruse qu'on mélange plus aisément de 70 pour 0/0 de baryte ou de blanc de Meudon. Enfin la meilleure raison, la plus importante, c'est la toute-puissante routine.

« Aujourd'hui, dit Paliard, le distingué architecte de la Préfecture de la Seine, voilà trente ans que blanc de zinc est très employé, et employé de préférence surtout dans les travaux soignés; de plus il y a plusieurs fabriques de blanc de zinc, et presque tous les entrepreneurs de peinture emploient plus ou moins, à Paris surtout, le blanc de zinc, les uns presque exclusivement, d'autres seulement quand on le leur demande, d'autres en le mélangeant dans le seau avec le blanc de céruse pour donner, disent-ils, plus d'éclat à leur peinture; d'autres enfin pour faire la dernière et même les deux dernières couches pardessus d'autres couches au blanc de céruse, pour avoir des peintures plus blanches.

« Et cependant il y a toujours un grand nombre de malades. Mais, me dira-t-on d'abord, depuis trente ans les dangers de la peinture à la céruse devraient être moindres, car on ne fait plus de ces détrempes vernies ni de ces grattages ou ponçages de vieilles peintures à la céruse pure, dont les poussières abondantes étaient si dangereuses pour les ouvriers. Les mastics pour enduits que l'on fait aujourd'hui ne contiennent même le plus souvent que bien peu de céruse, et la céruse elle-même ne se vend guère au détail que mélangée (suivant qu'elle est de première, de deuxième ou de troisième qualité) de 20, de 40, de 60 pour 0/0 de baryte ou de craie. Les grattages et ponçages sont donc beaucoup moins dangereux; ils sont plus rares d'ailleurs, car en propageant les peintures dans lesquelles il entre de l'essence, on a rendu nécessaires moins souvent ces grattages et ces ponçages, le lavage ou le lessivage suffisant presque toujours pour recevoir de nouvelles peintures.

Comment alors s'expliquer ces maladies encore si nombreuses d'ouvriers peintres, à Paris surtout? Je n'y vois pas d'autres causes que les suivantes : Dans la plus grande partie des travaux bien exécutés on emploie toujours le blanc de céruse et il y a danger pour les ouvriers, surtout pour ceux qui enduisent et pour ceux qui font le ponçage, car la céruse est employée pure pour la peinture, et mélangée seulement dans la proportion indispensable pour les enduits. Dans d'autres travaux, dits ordinaires, où les enduits sont faits avec des mastics à l'huile et où il n'est pas fait de ponçage, le travail est évidemment moins dangereux, mais alors ces travaux se font trop précipitamment, sans aucun soin, souvent avec de mauvais ouvriers, peu payés, badigeonneurs arrivant de leur pays, ignorant le danger du blanc de céruse, ne prenant aucune précaution pour s'en préserver, et que les habitudes de malpropreté disposent d'autant plus à la maladie.

Comme pour les travaux soignés la céruse employée est plus pure, le danger n'en est que plus grand pour l'ouvrier; pour les travaux ordinaires à prix réduits, on emploie, il est vrai, de la céruse moins pure, mais faits avec précipitation et par des ouvriers inhabiles ils sont également dangereux. Il serait donc désirable que dans les travaux publics, notamment dans les travaux de la ville de Paris, l'emploi de la céruse fût interdit, d'autant plus que le prix de revient est le même pour le blanc de zinc et la céruse, et que par conséquent la question d'économie n'existe pas. Du reste nous avons vu qu'il existe même d'autres produits inoffensifs, beaucoup moins coûteux, qui dans un grand nombre de cas pourraient remplacer la céruse.

Pour clore la discussion qui suivit la lecture du travail de Paliard à la Société de médecine publique et d'hygiène professionnelle (séance du 26 novembre 1879) le président Bouley insista pour que la substitution du blanc de zinc à la céruse dans la peinture fût au besoin imposée par voie législative.

ANNEXE XX

Étude sur la substitution du blanc de zinc à la céruse dans la peinture à l'huile par M. Ach. Livache, membre du Conseil, et M. L. Potain, membre de la Société, membre de la Chambre syndicale des entrepreneurs de peinture de Paris.

On se préoccupe depuis fort longtemps de substituer l'oxyde de zinc ou *blanc de zinc* à la céruse ou *blanc de plomb*, dans la peinture à l'huile, en vue de protéger les ouvriers contre les dangers qui résultent de l'action des composés plombiques sur l'organisme, et aussi en vue d'obtenir des peintures qui ne noircissent pas sous l'influence des dégagements sulfurés.

Dès 1779, Courtois avait reconnu que le carbonate de zinc et l'oxyde de zinc restaient parfaitement blancs dans les conditions où le blanc de plomb noircit.

En 1782, Guyton de Morveau publiait, dans le tome Ier des *Mémoires de l'Académie des sciences*, un travail très étendu, exposant les résultats des recherches qu'il avait effectuées en vue de perfectionner la peinture à l'huile. A propos de l'emploi du blanc de zinc, il écrivait : « Je puis donc offrir à la peinture... particulièrement le blanc de zinc, dont la préparation est sujette à moins de variation, dont la nuance est plus vive et plus uniforme, qui sera propre à tous les usages et qui sera probablement aussi le plus économique. Je voudrais pouvoir annoncer encore qu'il le sera assez pour remplacer la céruse... dans la peinture des appartements... moins pour ajouter un nouveau luxe à ce genre d'ornement que pour le salut des ouvriers et peut-être de ceux qui habitent trop tôt des maisons ainsi ornées. » Mais c'est en vain qu'en 1786 et en 1802 il renouvela ses efforts pour arriver à cette substitution.

On peut encore signaler un rapport de Fourcroy, Berthollet et Vauquelin présenté en 1808 à l'Académie des sciences à l'occasion du blanc de zinc préparé par les frères Mollerat, et, enfin, les beaux travaux de Chevreul, en 1850, à la suite des résultats obtenus par Leclaire.

Depuis, la question a été souvent reprise, mais elle n'a pas fait de progrès sensibles, et l'on semblait, jusqu'en ces derniers temps, accepter l'emploi de la céruse comme imposé par les conditions d'un travail satisfaisant et économique.

Cependant, tout récemment, l'opinion publique s'est vivement émue lorsque des statistiques ont montré les dangers auxquels étaient exposés les ouvriers peintres, dangers qui, dans certains cas, entraînent les plus graves conséquences ; les maladies saturnines, dues à l'action de la céruse, sont en effet très nombreuses : la colique de plomb, la surdité unilatérale symptomatique de l'hémianesthésie des peintres, la paralysie des extenseurs des doigts, l'épilepsie, l'encéphalopathie et la rétinite saturnine.

Mais à chaque tentative ayant pour but de proscrire l'emploi de la céruse, on a toujours répondu que le blanc de zinc donnait des peintures couvrant moins bien, d'une application moins facile, d'un prix plus élevé et d'une durée moindre, et que des précautions très simples de propreté et d'hygiène suffisaient à mettre les ouvriers à l'abri de tout danger.

Nous avons pensé que le sujet était tellement important au point de vue de l'hygiène industrielle, qu'il méritait une étude complète et méthodique, et c'est le résumé de nos recherches que nous exposons dans ce mémoire.

Nous avons suivi la marche suivante : Après avoir fait préparer par un ouvrier expérimenté des produits à base de plomb et à base de zinc, nous avons cherché les différences qu'ils présentaient ; ayant constaté qu'en effet, les produits à base de zinc étaient inférieurs aux premiers, dans les conditions ordinaires du travail de l'ouvrier, nous avons recherché les causes des différences qu'ils présentaient et nous les avons corrigés de manière à leur donner toutes les qualités que présentaient les produits à base de plomb pris comme types. Enfin, ce n'est qu'après avoir fait vérifier par la pratique industrielle les produits ainsi modifiés que nous nous décidons à publier les résultats auxquels nous sommes arrivés.

COULEURS A L'HUILE.

Considérations générales. — Les couleurs à l'huile sont formées par le mélange de matière solide, d'huile siccative et d'essence de térébenthine. Pour les couleurs blanches, on emploie le plus généralement la céruse, et, dans un moins grand nombre de cas, de l'oxyde de zinc ; l'huile siccative est ordinairement de l'huile de lin ; enfin, on amène à la fluidité exigée par le travail en ajoutant de l'essence de térébenthine. Lorsqu'on applique une semblable couleur sur une surface imperméable, l'essence de térebenthine s'évapore et il reste une couche formée par l'huile et la matière solide ; sous l'influence de l'oxygène atmosphérique, l'huile siccative ne tarde pas à se transformer en une matière solide, transparente, élastique, flexible, insoluble dans l'eau, qui emprisonne la matière solide et la maintient en place.

Mais pour que la couche ainsi formée convienne, il faut d'abord qu'elle soit continue, c'est-à-dire que chaque particule de matière solide soit emprisonnée sous une pellicule d'huile solidifiée qui, formant réseau, maintienne en place cette matière solide. Si, en effet, la quantité d'huile est insuffisante, on comprend que la pellicule trop mince se craquèlera aux moindres variations de température et que, sous l'influence du frottement, la matière solide se détachera à l'état de poussière, ce qui fait dire que la peinture est *farineuse*.

Il faut, en outre, que l'huile ne soit pas en excès, sinon il se produit un grave inconvénient; l'huile, en effet, entrant dans la couche fraîche, séchera surtout à la surface, elle se solidifiera trop vite et l'oxygène ne pourra plus atteindre l'huile sous-jacente pour la solidifier ; on aura donc la formation de deux couches superposées, l'une solide à la surface, et l'autre, au-dessous, simplement épaissie ; la peinture ainsi obtenue ne pourra donc jamais sécher complètement, ne résistera pas à la moindre pression et sera très sensible aux changements de température, par suite de la dilatation inégale des deux couches superposées.

De ces deux observations il résulte, tout d'abord, qu'une bonne couleur à l'huile sera celle dans laquelle il y aura une quantité suffisante d'huile pour maintenir la matière solide, en emprisonnant chaque particule dans un réseau continu d'huile solidifiée, tout en donnant une couche suffisamment mince permettant à l'oxygène de pénétrer rapidement dans toute la masse et d'y solidifier complètement et également l'huile dans toute son épaisseur.

Une bonne couleur à l'huile doit, en outre, satisfaire à d'autres conditions.

Il faut que la proportion d'huile ne soit pas trop élevée par rapport à la matière solide, sinon, au moment où l'on appliquerait une couche sur une surface non horizontale, l'huile en excès coulerait et les proportions relatives des deux éléments de la couleur se trouveraient modifiées. On a donc avantage à employer un corps poreux, comme la céruse ou l'oxyde de zinc, qui, s'imbibant d'huile, donne une masse dans laquelle les deux éléments feront pour ainsi dire corps au moment de l'application.

Il faut enfin que la quantité de matière solide soit suffisante afin que, la couleur étant sèche, les particules solides se trouvent suffisamment rapprochées les unes des autres pour donner une surface continue qui réfléchisse également la lumière en toutes ses parties, sinon on aurait des parties ternes, des *embus*. Ce point est cependant moins important que le manque d'huile, car on peut y remédier par l'application de plusieurs douches superposées.

En résumé, dans une couleur à l'huile bien préparée, *il doit exister un rapport nécessaire entre la proportion d'huile et celle de matière solide*, la fluidité, au moment de l'application, étant déterminée par l'addition de l'essence de térébenthine qui disparaît par évaporation et dont la quantité varie d'après la nature du travail à exécuter.

Mais la qualité primordiale de toute couleur à l'huile est la siccativité rapide pour répondre aux exigences de le pratique. Nous rechercherons donc en premier lieu, les moyens d'augmenter autant que possible la siccativité d'une couleur à l'huile et, ensuite nous déterminerons le rapport qui doit exister entre l'huile et la matière solide.

Siccativité d'une couleur à l'huile. — On doit tout d'abord se demander si la céruse et le blanc de zinc ont une action propre sur la siccativité d'une huile siccative, et, en particulier, de l'huile de lin.

Nous avons exposé, en couche mince, sur des plaques de verre :

1° De l'huile de lin crue, qui a mis cinq jours pour donner une pellicule bien sèche ;

2° Un mélange de 2 p. d'huile et 4 p. de céruse sèche, qui a mis également cinq jours ;

3° Un mélange de 2 p. d'huile et 4 p. de blanc de zinc sec, qui n'a commencé à sécher sur les bords qu'après sept jours et qui n'a donné une pellicule sèche qu'après douze jours. Il résulte donc ce fait intéressant que, à froid, la céruse ne modifie en rien la siccativité de l'huile de lin, tandis qu'au contraire le blanc de zinc la retarde notablement. Du reste cette action retardatrice avait été signalée, en 1782, par Guyton de Morveau, qui la corrigeait par l'addition d'une petite quantité de sulfate de zinc.

Mais les chiffres précédents montrent, en outre, que, avec la céruse, et, *a fortiori*, avec le blanc de zinc, le temps exigé pour a dessiccation d'un mélange d'huile et de substance solide est beaucoup trop long. Aussi, pour hâter la dessiccation, fait-on usage de *siccatifs*.

Emploi des siccatifs. — L'addition à une huile siccative d'une très petite quantité de certaines substances, que l'on désigne sous le nom de *siccatifs*, augmente notablement la siccativité de cette huile.

Éclairés par une étude antérieure que l'un de nous avait faite sur les différents siccatifs employés (*Sur les résinates et les oléates métalliques employés comme siccatifs.* — *Bulletin de la Société d'encouragement*, 1898, p. 1585), nous avons adopté dans nos expériences, comme siccatif, le résinate de manganèse. Ce corps, en effet, est très actif ; il a, de plus, l'avantage de se dissoudre, en totalité et à froid, dans l'huile de lin, et enfin il est fabriqué industriellement en France, à l'usine Brigonnet, de Saint-Denis, dans des conditions qui lui permettent de soutenir avantageusement toute comparaison avec les produits similaires d'Angleterre ou d'Allemagne, ainsi que nous l'ont montré des expériences comparatives.

Nous avons d'abord cherché la dose de siccatif la plus convenable pour faire sécher rapidement l'huile de lin crue. A cet effet, nous avons dissous dans l'huile 1, 1,5, 2 et 3 0/0 de résinate de manganèse, et nous avons appliqué ces huiles, ainsi siccativées, en couches minces, sur des plaques de verre inclinées.

La dessication complète, c'est-à-dire la formation d'une pellicule solide, parfaitement transparente, ne happant pas le doigt, a lieu :

Avec 1	0/0 de résinate de manganèse en		46 heures.	
—	1,5	—	—	29 —
—	2	—	—	22 —
—	3	—	—	16 —

Les huiles qui, au début, dans le cas des teneurs les plus élevées, étaient colorées en jaune brun par la présence du siccatif donnent une pellicule qui, sous l'action de l'oxygène de l'air, est complètement décolorée.

Nous avons adopté, d'après l'aspect des pellicules, la dose de 2,5 0/0 pour nos expériences comparatives avec la céruse et le blanc de zinc.

Emploi d'huile à 2,5 0/0 de résinate de manganèse. — Nous avons fait des mélanges d'huile siccativée avec de la céruse et du blanc de zinc secs afin de comparer le temps nécessaire pour la dessiccation. Mais, avant tout, nous ferons remarquer que les expériences ont été effectuées sur des plaques de verre afin de ne pas avoir d'absorption capable de faire varier la composition du mélange employé. De plus, nous ne nous sommes pas préoccupés de rechercher ici si la teneur en huile n'était pas trop forte, car, au point de vue de la siccativité, il nous suffisait d'avoir la formation d'une couche solide et bien sèche. C'est seulement quand nous étudierons le pouvoir couvrant des mélanges que nous aurons à nous préoccuper des proportions relatives des substances mises en expérience; en ce moment, nous le répétons, nous ne nous occupons que du plus ou moins de rapidité de la dessiccation.

1°	Huile siccativée à 2,5 0/0.... 2 p. Céruse sèche............... 4 p.	Pellicule bien sèche en..........	16 heures.
2°	Huile siccativée .... 2 p. Blanc de zinc sec........... 4 p.	Égalité en poids, comparativement avec l'expérience 1............	22 —
3°	Huile siccativée............ 3 p. Blanc de zinc sec.......... 5 p.	Égalité en volume...............	26 —

Il résulte de ces expériences que l'oxyde de zinc montre toujours son influence retardatrice sur la dessiccation du mélange; la peinture au blanc de zinc, aussi bien quand on la compare en poids ou en volume avec la peinture à la céruse, sèche notablement moins vite pour une huile contenant 2,5 0/0 de siccatif.

Ajoutons que cette expérience montre, en outre, que l'on a avantage à faire des mélanges comparatifs de céruse ou de blanc de zinc égaux comme poids, et c'est cette règle que nous suivrons pour les expériences suivantes.

Mais, puisque l'oxyde de zinc diminue l'influence du siccatif ajouté, on est conduit à se demander si, en ajoutant à l'huile une dose de siccatif un peu plus élevée, l'excédent ainsi introduit servirait à contre-balancer l'action nuisible de l'oxyde de zinc, et si le siccatif restant suffirait pour faire sécher l'huile dans les mêmes conditions de rapidité que pour les cas de mélanges d'huile et de céruse.

A cet effet, nous avons pris de l'huile contenant 3 0/0 de siccatif et nous avons constaté que :

Un mélange de :

Huile siccativée à 3 0/0.......	2 p.	présentait une pellicule bien sèche après 18 heures.
Blanc de zinc sec.............	4 p.	

On peut donc conclure qu'à la condition de *forcer un peu la dose de siccatif*, on peut avoir une siccativité *sensiblement égale* en employant soit de la céruse, soit du blanc de zinc.

Cependant, les peintres n'emploient pas, pour faire les couleurs à l'huile, de la céruse sèche ou du blanc de zinc sec; ils font usage de ces substances, antérieurement broyées avec une certaine quantité d'huile siccative. En étudiant, par exemple, les produits qui ont servi à toutes nos expériences et dont nous avons constaté la pureté parfaite, nous avons trouvé :

Céruse broyée, marque Th. Lefebvre .... 17 0/0 d'huile.
Blanc de zinc broyé n° 1.................... 20 0/0 —

Répétant sur le blanc de zinc l'expérience précédente, nous avons trouvé :

Huile à 3 0/0.......	2 p.	Pellicule sèche en 21 heures 1/2 au lieu de 18 heures.
Blanc de zinc broyé.	4 p.	

Ici encore, il y a retard avec le blanc de zinc broyé; mais le retard s'explique fort bien, car, si l'on tient compte de la proportion d'huile qui entre dans le blanc de zinc broyé et qui ne contient pas de siccatif, on trouve que la totalité de l'huile qui entre dans le mélange n'a plus qu'une teneur de 2,2 0/0 en siccatif, ce qui, d'après les expériences précédentes, est insuffisant pour donner une siccativité comparable avec celle obtenue dans le cas de la céruse. Il doit donc suffire de calculer la quantité d'huile à ajouter à l'huile préexistante pour arriver à 2 p. contre 4 p. de matière sèche et de calculer également la quantité de siccatif nécessaire pour ramener à une teneur de 3 0/0; dans ces conditions, on doit avoir des résultats aussi satisfaisants que dans les expériences antérieures faites avec l'huile à 3 0/0 et la matière sèche. C'est dans ce but que nous avons effectué l'expérience suivante, dans laquelle le rapport du blanc de zinc sec à l'huile totale est de 4 parties à 2 parties comme dans les expériences précédentes.

	grammes.	
Blanc de zinc broyé à 20 0/0....................	4,0	Sèche en 15 heures 1/2.
Huile siccativée à 3 0/0..........................	0,80	
Siccatif pour ramener la teneur de l'huile totale à 3 0/0	0,024	

On voit donc que l'on pourra faire sécher la peinture au blanc de zinc *aussi vite* que la peinture à la céruse, à la condition que l'huile *totale* entrant dans sa composition *contienne une teneur suffisante de siccatif*. Dans nos expériences directes de siccativité, cette teneur est de 3 0/0 avec le résinate de manganèse.

Mais nous verrons que l'essence de térébenthine favorise l'oxidation et joue le rôle d'un véritable siccatif, ce qui permettra d'abaisser notablement cette dose de 3 0/0. Nous avons voulu simplement prouver que, *avec une dose appropriée de siccatif, une couleur à base d'oxide de zinc peut sécher aussi rapidement qu'une couleur à base de céruse.*

Détermination du rapport devant exister entre l'huile et la matière solide. — On comprend tout d'abord que ce rapport devra varier suivant les propriétés physiques de la matière solide employée; il est bien évident que l'on ne devra pas employer la même quantité d'huile pour les substances aussi différentes comme densité que la céruse et le blanc de zinc; la finesse et la porosité de la matière solide joueront également un rôle important.

Pour déterminer ce rapport, nous sommes partis des données suivantes :

1° D'après la Société de la Vieille-Montagne (*Traité général des applications de la chimie* de J. Garçon, page 461), les proportions d'huile à employer sont de 0 kilog. 500 pour 1 kilogramme de céruse et de 0 kilog. 600 pour 1 kilogramme de blanc de zinc.

2° Un entrepreneur de peinture distingué, M. Wernet, désireux de se rendre compte des différences pouvant exister entre l'emploi de la céruse et celui du blanc de zinc, avait composé deux couleurs en mettant directement les proportions d'huile, de matière solide et d'essence qui lui semblaient convenables pour la pratique courante. La matière solide étant employée après broyage avec une certaine quantité d'huile, 17 0/0 pour la céruse et 20 0/0 pour le blanc de zinc, nous avons rapporté les matières mises en œuvre à 1 kilogramme de matière sèche, de manière à pouvoir comparer avec les données de la Société de la Vieille-Montagne. La composition était la suivante, en laissant de côté la dose de siccatif qui n'a pas d'importance en ce moment :

Pour la couleur à base de céruse :

Céruse sèche...........	1.000	grammes.
Huile siccative...........	310	—
Essence	166	—

pour la couleur à base de blanc de zinc :

Blanc de zinc sec	1.000	grammes.
Huile siccative..........	360	—
Essence	172	—

Or, la comparaison des chiffres donne les rapports suivants entre l'huile et la matière solide : d'après la Société de la Vieille-Montagne :

$$\frac{\text{Huile pour 1 kil. de céruse}}{\text{Huile pour 1 kil. de blanc de zinc}} = \frac{500}{600} = \frac{5}{6},$$

d'après l'expérience effectuée par M. Wernet :

$$\frac{\text{Huile pour 1 kil. de céruse}}{\text{Huile pour 1 kil. de blanc de zinc}} = \frac{3,10}{3,60} = \frac{5}{5,8}.$$

D'autre part, si l'on compare les densités de la céruse et du blanc de zinc, on a :

$$\frac{\text{Densité de la céruse}}{\text{Densité du blanc de zinc}} = \frac{6,57}{5,40} = \frac{6}{5}.$$

Or, la couleur de M. Wernet avait été préparée sans idée préconçue, en ne cherchant qu'à obtenir les qualités qu'exige le praticien ; il semble donc que l'on puisse formuler la règle suivante :

La quantité d'huile doit augmenter à mesure que la densité de la matière solide diminue, et, pour deux substances de densités différentes, les quantités d'huile doivent être dans le rapport inverse des densités.

Si l'on appliquait cette règle à la couleur préparée par M. Wernet, et qui, dans la pratique, satisfaisait aux conditions exigées pour une bonne couleur à la céruse, on n'aurait qu'à corriger légèrement la teneur en huile de la couleur au blanc de zinc ; on arriverait à la composition suivante en augmentant un peu la proportion d'essence pour garder la même fluidité :

Blanc de zinc sec.................	1.000	grammes.
Huile siccative....................	378	—
Essence...........................	175	—

Si, en effet, on compare cette couleur avec la couleur à l'huile à base de céruse préparée par M. Wernet, d'après sa pratique courante, on a :

$$\frac{\text{Huile de la couleur à base de céruse} = 310}{\text{Huile de la couleur à base d'oxyde de zinc} = 378} = \frac{\text{Densité de l'oxyde de zinc} = 5,40}{\text{Densité de la céruse} = 6,57} = \frac{5}{6}.$$

Néanmoins, dans les essais pratiques que nous avons effectués, nous avons vu qu'en prenant 365 grammes d'huile au lieu de 360, comme faisait M. Wernet, ou 378 comme l'indiquait la règle précédente, on a déjà d'excellents résultats pratiques ; aussi nous adoptons pour la couleur à base d'oxyde de zinc la composition suivante :

Blanc de zinc sec.	1.000 gr.	Ce qui correspond à	Blanc de zinc broyé à 20 p. 100.	1.000 gr.
Huile de lin 365 à	378 gr.		Huile ajoutée......... 92 à	100 gr.
Essence........	175 gr.		Essence de térébenthine....	140 gr.

la quantité d'essence variant suivant la fluidité désirée et la quantité d'huile pouvant être augmentée avantageusement jusqu'à 378 grammes, ou, en partant du blanc de zinc broyé, jusqu'à 100 grammes, surtout dans le cas où la peinture devrait être exposée à des variations de température notables, qui exigeraient une couche plus élastique pour éviter les gerçures, car *l'élasticité est fonction directe de la proportion d'huile.*

Pouvoir couvrant. — Le pouvoir couvrant d'une peinture à l'huile est mesuré par le volume de la matière solide déposée sur une surface, et l'on avance souvent que le pouvoir couvrant de la céruse est notamment plus grand que celui de l'oxyde de zinc.

Cependant, si l'on tient compte, pour un même poids de matière solide, des quantités d'huile que nous prenons en raison inverse des densités, on voit qu'on devra arriver avec des couleurs préparées d'après les proportions indiquées à un même pouvoir couvrant.

Si, par exemple, nous prenons deux couleurs contenant chacune 1.000 grammes de substance solide sèche, ces 1.000 grammes représenteront 152^{cc},2 pour la céruse et 185^{cc},2 pour l'oxyde de zinc, volumes qui sont encore dans le rapport de 5 à 6. Mais les quantités d'huile ont été prises dans ce même rapport de 5 à 6, d'où cette conséquence que 185^{cc},2 d'oxyde de zinc recouvriront une surface qui surpassera de $\frac{1}{5}$ la surface recouverte par les 152^{cc},2 de céruse ; on aura donc des volumes égaux de matière solide sur une même surface.

On peut donc conclure que le pouvoir couvrant ne diffère pas, lorsque les conditions que nous avons indiquées seront satisfaites.

Si l'on ajoute de l'essence, le rapport de l'huile à la matière solide restera toujours le même, et seule l'épaisseur de la couche variera.

Si les quantités d'essence sont différentes par rapport aux poids des matières solides, on n'aura plus égalité de volumes par rapport à une même unité de surface, mais on devra encore avoir un même rapport entre l'huile et la matière solide, et par suite entre les matières solides déposées sur une même surface.

Reprenons les couleurs préparées par M. Wernet, dans lesquelles le rapport de l'huile aux matières solides était inverse sensiblement des densités de ces matières solides, et dans lesquelles on a ajouté des quantités différentes d'essence par rapport au poids des matières solides : on constate qu'il en est bien ainsi dans les applications industrielles qui ont été faites par M. Wernet.

Les couleurs avaient la composition suivante :

1° Une couleur à base de céruse ayant la composition suivante :

	grammes.
Céruse broyée à 17 0/0	1.000
Huile	87,5
Essence	137,5

2° Une couleur à base de blanc de zinc ayant la composition suivante :

	grammes.
Oxyde de zinc broyé à 20 0/0	1.000
Huile	87,5
Essence	137,5

On recouvrit, avec chacune de ces couleurs, 14 mètres superficiels et on trouva que, sur chaque mètre superficiel, on avait déposé :

114^{gr},05 de céruse broyée contre 149^{gr},14 de blanc de zinc broyé.

Ce qui représente :

94^{gr},62 de céruse sèche contre 119^{gr},32 de blanc de zinc sec.

Or, ces deux chiffres sont sensiblement dans les rapports de ces corps .

$$\frac{94,62}{119,32} = \frac{5}{6,3} \quad \text{et} \quad \frac{\text{Densité de la céruse} = 6,57}{\text{Densité du blanc de zinc} = 5,40} = \frac{6}{5}.$$

Si M. Vernet avait pris la quantité un peu plus forte d'huile qu'indiquait le principe que nous avons posé antérieurement, il aurait couvert une surface un peu plus grande avec le blanc de zinc et le calcul montre qu'il aurait précisément obtenu le rapport $\frac{5}{6}$.

Nous pourrons donc déduire cette règle :

Avec les quantités d'huile indiquées, pour des poids égaux de matières solides, le pouvoir couvrant d'une couleur à base d'oxyde de zinc sera le même que celui d'une couleur à base de céruse.

Influence des variations de la teneur en huile d'une couleur. — Nos expériences précédentes nous ont conduit à adopter, pour les peintures d'intérieur, la composition suivante :

		gr.		c. c.	
Blanc de zinc sec = 1 kil. +	Huile...	365	=	391	Densité du mélange = 0,912.
	Essence.	175	=	202,8	
		545	—	593,0	

Nous avons alors composé deux couleurs dans lesquelles la proportion d'huile, pour 1 kilogramme de blanc de zinc sec, variait notablement, soit 325 grammes et 400 grammes, et nous avons ajouté la quantité d'essence nécessaire pour que la densité et le volume du mélange d'huile et d'essence diffèrent peu dans les trois cas :

		gr.		c. c.	
Blanc de zinc sec = 1 kil. +	Huile...	325	=	348,0	Densité du mélange = 0,915
	Essence.	225	=	258,6	
		550		606,9	

		gr.		c. c.	
Blanc de zinc sec = 1 kil. +	Huile...	400	=	428,7	Densité du mélange = 0,915.
	Essence.	150	=	172,0	
		550		600,7	

Si on traduit ces chiffres, en partant du blanc de zinc broyé à 20 0/0, comme on l'emploie dans la pratique, on a :

	N° 1. Couleur avec manque d'huile.	N° 2. Couleur avec bonne teneur d'huile.	N° 3 Couleur avec excès d'huile.
Blanc de zinc broyé à 20 0/0..	1.000	1.000	1.000
Huile ajoutée...............	60	92	120
Essence.....................	180	140	120

En appliquant ces couleurs au pinceau sur des plaques de verre, on constate que :

La couleur n° 1, dans laquelle l'huile est en quantité moindre, s'applique difficilement et inégalement ; lorsqu'on repasse le pinceau, on enlève ce qui a été couché précédemment et on fait des traînées ;

La couleur n° 2 s'applique facilement et régulièrement ;

La couleur n° 3, s'applique facilement ; elle est onctueuse, grasse ; la couche s'étale bien ; mais, comme aspect, après dessication, elle ne présente pas d'avantages sur la couleur n° 2, et elle demanderait plus de temps pour sécher dans toute son épaisseur.

On obtient donc une peinture inférieure à celle que nous avons indiquée, et on n'a pas d'avantage à augmenter cette teneur.

Influence de l'essence de térébenthine sur la siccativité. — Toutes les couleurs précédentes avaient été faites avec 3 0/0 de siccatif; elles séchaient en moins de quinze heures, mais le siccatif, à cette dose, donnait d'abord une teinte rosée qui passait ensuite au jaune.

Nous avons pensé que l'action oxydante bien connue de l'essence de térébenthine, en présence de l'air, nous permettrait d'abaisser largement la teneur en résinate de manganèse, c'est ce que démontre l'expérience suivante.

Nous avons additionné la couleur à 365 grammes d'huile et 175 grammes d'essence par kilogramme d'oxyde de zinc sec, de 1 0/0, seulement de résinate de manganèse, par rapport à l'huile, et nous avons constaté que cette couleur, appliquée sur une plaque de verre, était parfaitement sèche après dix-huit heures, en restant d'une blancheur absolue. Nous adopterons donc cette teneur de 1 0/0.

Résumé. — Des observations et expériences précédentes, il résulte qu'on pourra obtenir avec le blanc de zinc des résultats aussi satisfaisants que ceux obtenus avec la céruse, en suivant les principes suivants :

1° Si on remplace la céruse par le blanc de zinc, les quantités de l'huile *totale* (huile entrant dans la matière broyée + huile ajoutée) doivent être dans le rapport inverse des densités des matières solides employées, considérées à l'état sec.

2° L'emploi d'une dose modérée de siccatif, soit 1 0/0 de l'huile *totale*, fera sécher la couleur à base d'oxyde de zinc en moins de dix-huit heures, ce qui est suffisant dans la pratique, et ce résultat sera obtenu avec certitude, sans que la peinture subisse aucun jaunissement, en employant un siccatif tel que le résinate de manganèse, complètement soluble à froid dans l'huile siccative et d'une énergie remarquable.

3° La couleur, que nous désignerons sous le nom de *couleur rationnelle à base d'oxyde de zinc*, et qui satisfait aux conditions précédentes, aura la composition suivante :

		grammes.
Blanc de zinc broyé à 20 0/0		1.000
Huile de lin	92 à	100
Essence de térébenthine		140
Siccatif (résinate de manganèse)	2,9 à	3

4° Avec les quantités d'huile indiquées, pour des poids égaux de matières solides, le pouvoir couvrant d'une couleur à base d'oxyde de zinc sera le même que celui d'une couleur à base de céruse.

ENDUITS

Considérations générales. — Toutes les expériences précédentes ont été faites en appliquant les couleurs sur des plaques de verre ; il était, en effet, indispensable de voir comment se comportait chaque couleur en évitant toute variation dans sa composition. Si on l'avait appliquée sur du plâtre ou sur du bois, une partie de l'huile aurait été bue par ces substances poreuses, et nous aurions eu des résultats faussés, se rapportant à une couleur de composition différente et de teneur moindre en huile.

Dans la pratique, on évite également d'appliquer directement une couleur à l'huile sur une surface poreuse, et, à cet effet, on commence par revêtir ces surfaces d'un *enduit* destiné :

1° A former un fond homogène et, pour le plâtre, à donner une surface parfaitement unie, en corrigeant ainsi les inégalités laissées par le travail plus grossier du maçon ;

2° A boucher suffisamment les pores du plâtre ou du bois pour que l'huile de la couleur ne soit pas bue.

L'égalité de surface et l'occlusion des pores s'obtiendront au moyen d'un mastic d'adhérence suffisante pour qu'il puisse s'appliquer avec des épaisseurs variables, pouvant atteindre plusieurs millimètres, et susceptible de sécher sans s'écailler et sans se détacher.

Mais, pour que le mastic ainsi appliqué empêche, une fois sec, la surface de boire l'huile de la peinture, il faut que sa composition soit telle que, d'une part, non seulement il contienne des particules solides et fines susceptibles de boucher les pores, mais encore, d'autre part, que ces particules solides soient maintenues en place par une substance agglutinante, capable de donner, en outre, une imperméabilité absolue.

La matière solide sera du *blanc de Meudon*, additionné de *céruse* ou d'*oxyde de zinc*.

La substance agglutinante, qui devra donner l'imperméabilité, sera une *huile siccative*, l'huile de lin, en général.

Enfin, afin d'augmenter la siccativité de cette huile, on l'additionnera d'un *siccatif*, qui, dans nos expériences, continuera à être le résinate de manganèse.

Les proportions de ces éléments entrant dans les enduits sont différentes suivant qu'on les applique sur le plâtre ou le bois ; on distingue, en effet, les *enduits gras* que l'on applique sur le plâtre, les *enduits maigres* que l'on applique sur le bois, et enfin les *enduits pour moulures* qui doivent satisfaire à des exigences spéciales.

Nous étudierons ces divers enduits en recherchant si, dans leur composition, on peut facilement remplacer la céruse par l'oxyde de zinc. C'est, en effet, dans les enduits que cette substitution de l'oxyde de zinc à la céruse est la plus désirable, car c'est dans leur maniement que se rencontrent les plus grands dangers pour les ouvriers.

Outre que l'ouvrier fait souvent à la main son mélange de blanc de Meudon, de céruse et d'huile, il arrive généralement qu'il trouve plus commode de mettre une poignée d'enduits dans sa main gauche et de venir y prendre, avec son couteau, ce qui est nécessaire au fur et à mesure de son travail ; de plus, c'est avec le doigt qu'il lisse l'enduit appliqué dans les parties profondes des moulures. Enfin, ce qui présente un danger peut-être plus grand, c'est que, dans les travaux soignés, et surtout pour les moulures, il doit passer au papier de verre l'enduit, quand il est sec, avant de donner la couche de peinture ; il est alors exposé à absorber des poussières très fines à base de céruse.

ENDUITS GRAS

Ces enduits gras sont destinés à être appliqués sur le plâtre; ils forment une masse pâteuse qui s'applique à la palette et au couteau. Le caractère d'un bon enduit est de ne pas filer dans la main, de bien tenir sur le couteau, de ne pas s'en détacher si on l'incline, et, cependant, d'être assez maniable pour s'appliquer et s'égaliser sans un effort trop grand de la part de l'ouvrier.

On distingue l'*enduit ordinaire* ou *ratissage* destiné à être appliqué sur les murs des cuisines, des couloirs, et, d'une manière générale, employé pour les travaux ordinaires; et l'*enduit pour travaux soignés*.

Enduit ordinaire ou ratissage. — Cet enduit, préparé directement par un ouvrier, nous a donné la composition suivante :

	grammes.
Céruse broyée à 17 0/0 d'huile	1.000
Huile	461,5
Blanc de Meudon	1.507,7

ou, en rapportant à 1 kilogramme de céruse sèche :

	grammes.
Céruse sèche	1.000
Huile	760,9
Blanc de Meudon	1.816

Ce ratissage était coloré en jaune brun ; après vingt heures, il donnait, passé au papier de verre, une surface rugueuse, faisant ce que l'on appelle la *peau de crapaud ;* après quarante-huit heures, il se ponçait parfaitement et donnait une surface bien lisse.

Nous ne donnons pas ici la composition d'un enduit ordinaire à base de zinc, parce que dans l'étude des enduits pour travaux soignés, on trouvera plusieurs compositions susceptibles d'être employées avantageusement comme ratissages.

Enduits pour travaux soignés. — Ces enduits se distingnent des enduits ordinaires par une augmentation de la céruse par rapport au blanc de Meudon ; ils sont, par suite, moins colorés, plus onctueux, pénètrent mieux dans les cavités du plâtre et donnent une surface plus lisse.

Nous avons fait préparer par un ouvrier un enduit à base de céruse et un enduit à base d'oxide de zinc, tels qu'il avait l'habitude de les préparer. Comme l'enduit à base de céruse présentait évidemment tous les caractères qu'exige la pratique, et comme l'ouvrier a une telle habitude de le préparer qu'il le reproduira toujours avec les mêmes caractères, nous avons comparé les rapports des substances entrant dans l'enduit à base de zinc et l'enduit à base de céruse pris comme type ; nous avons ensuite cherché à corriger les différences qui existaient entre les deux.

Les résultats de ces préparations étaient les suivants :

Enduit à base de céruse n° 1. Cet enduit avait comme composition :

	grammes.
Céruse broyée à 17 0/0.......	1.000
Huile......................	273,4
Blanc de Meudon............	1.061

ou, en rapportant à 1 kilogramme de céruse sèche :

	grammes.
Céruse sèche...............	1.000
Huile......................	534,2
Blanc de Meudon...........	1.278,3

Cet enduit, appliqué sur plâtre, était coloré en jaune légèrement brun ; après trente-six heures, il se ponçait parfaitement.

Enduit à base d'oxyde de zinc n° 2. Cet enduit avait comme composition :

	grammes.
Blanc de zinc broyé à 20 0/0...	1.000
Huile......................	124,3
Blanc de Meudon............	721,3

ou, en rapportant à 1 kilogramme d'oxyde de zinc sec :

	grammes.
Oxyde de zinc sec............	1.000
Huile......................	405,4
Blanc de Meudon............	901,7

Cet enduit filait un peu à la main, il se tenait mal sur le couteau, il n'avait pas le même corps que l'enduit à la céruse et son application était plus difficile. Il était de couleur grisâtre ; après trente-six heures, il se ponçait bien.

Afin d'avoir plus d'éléments de comparaison, nous avons fait préparer d'autres enduits, d'après les compositions suivantes données à l'ouvrier :

Enduit à base d'oxyde de zinc n° 3. Sa composition, rapportée à 1 kilogramme de zinc, était :

	grammes.
Oxyde de zinc sec............	1.000
Huile......................	312,5
Blanc de Meudon............	356,2

Cet enduit présentait, dans son application, au dire de l'ouvrier, une très faible différence avec l'enduit à la céruse ; il tenait peut-être un peu moins à la main. Il séchait et se ponçait bien.

Enduit à base d'oxyde de zinc n° 4. Sa composition, rapportée à 1 kilogramme d'oxyde de zinc, était :

	grammes.
Oxyde de zinc sec....................	1.000
Huile..............................	312,8
Blanc de Meudon.....................	573,7

On avait augmenté la proportion de blanc de Meudon, pour essayer de lui donner plus de tenue que l'enduit n° 3 ; au dire de l'ouvrier, cet enduit donnait de bons résultat, mais il était trop dur à travailler.

Détermination des proportions relatives des éléments d'un enduit gras.

Si, dans une couleur à l'huile, où il n'entre que deux éléments, l'huile et la matière solide, puisque l'essence s'évapore, il est relativement facile de déterminer la proportion relative de ces éléments, le problème se complique pour les enduits gras, parce que l'on y rencontre trois éléments, l'huile, le blanc de Meudon et la céruse ou l'oxyde de zinc.

Nous avons pensé qu'il y aurait avantage à convertir les matières solides en un seul élément qu'il suffirait alors de comparer à la proportion d'huile. A cet effet, nous avons rapporté tous les éléments solides aux poids des volumes qu'ils occuperaient s'ils étaient évalués en blanc de Meudon.

En mesurant des volumes égaux de céruse sèche, d'oxyde de zinc sec et de blanc de Meudon, nous avons trouvé que :

1 000 gr. de céruse sèche occupent le même volume que. 563 gr. de blanc de Meudon
1 000 gr. d'oxyde de zinc sec — — 685 gr. — —

Pour avoir ces chiffres, on se bornait à peser les substances après les avoir légèrement tassées et le foisonnement de la matière a naturellement une influence notable sur les résultats.

Si nous comparons, alors, dans les quatre enduits précédents, les rapports de l'huile à la matière solide évaluée en blanc de Meudon, nous trouvons :

Enduit n° 1.

$$\frac{\text{Huile} = 534,2}{(1\,000 \text{ de céruse} = 563 \text{ de blanc}) + 1\,278,3 \text{ de blanc}} = \frac{534,2}{1\,841,3} = 0,290.$$

Enduit n° 2.

$$\frac{\text{Huile} = 405,4}{(1\,000 \text{ d'oxyde de zinc} = 685 \text{ de blanc}) + 901,7 \text{ de blanc}} = \frac{405,4}{1\,586,7} = 0,255.$$

Enduit n° 3.

$$\frac{\text{Huile} = 312{,}5}{(1\,000 \text{ d'oxyde de zinc} = 685 \text{ de blanc}) + 356{,}2 \text{ de blanc}} = \frac{312{,}5}{1\,041{,}2} = 0{,}309.$$

Enduit n° 4.

$$\frac{\text{Huile} = 312{,}8}{(1\,000 \text{ d'oxyde de zinc} = 685 \text{ de blanc}) + 573{,}7 \text{ de blanc}} = \frac{312{,}8}{1\,258{,}7} = 0{,}248.$$

Si l'on considère l'enduit n° 1, à base de céruse, comme le type que l'on doit reproduire, on constate que dans les trois enduits à base d'oxyde de zinc, c'est l'enduit n° 3 pour lequel le rapport de l'huile à la matière solide, 0,309, se rapproche le plus du rapport 0,290 obtenu avec l'enduit à base de céruse. Or, cet enduit n° 3, au dire de l'ouvrier qui l'employait, présentait des qualités très voisines de celle de l'enduit à la céruse.

Les enduits n° 2 et n° 4 ont des rapports de 0,255 et 0,248, au lieu de 0,290, ce qui indique que l'on a un excès de matière solide par rapport à l'huile employée.

Puisque l'enduit n° 3 donne des résultats presque satisfaisants, nous avons pensé à l'améliorer en rétablissant le rapport de 0,290 par une simple addition de blanc de Meudon et d'oxyde de zinc ne s'élevant pas à plus de 36 gr. 3 ; nous avons donc ajouté 39 grammes d'oxyde de zinc, correspondant à 27 grammes de blanc de Meudon, et 9 grammes de blanc de Meudon. Cet enduit, que nous désignerons sous le numéro 5, différait de l'enduit n° 3 par la composition suivante :

	Enduit n° 3.	Enduit n° 5.	
Oxyde de zinc sec..........	1.000,0	1.039,0	1.000,0
Huile.....................	312,5	312,5 ou	300,7
Blanc de Meudon...........	356,2	365,2	351,4

ou, en rapportant à 1 kilogramme de blanc de zinc broyé à 20 p. 100.

Blanc de zinc broyé à 20 p. 100........	1.000	1.000
Huile...............................	50	40,5
Blanc de Meudon.....................	285	281

Cet enduit n° 5, employé par l'ouvrier, donnait des résultats identiques, comme tenue, facilité de travail et siccativité, à l'enduit type à base de céruse.

Nous nous empressons d'ajouter que cet enduit, qui avait l'avantage d'être d'une blancheur remarquable, serait trop cher à employer couramment, et nous verrons plus loin comment on peut obtenir des produits de même tenue, mais d'un prix beaucoup moins élevé. Ce que nous voulions montrer, c'est que la marche que nous avions suivie était bonne et conduisait à cette première règle.

Dans un enduit gras, le rapport du poids de l'huile au poids de l'ensemble des matières solides, chacune de celles-ci étant convertie comme poids en blanc de Meudon, d'après le volume qu'elle occupe, est représenté par une constante.

Avec les produits que nous avons employés, cette constante était égale à 0,290.

Enduit gras ne contenant que du blanc de Meudon. — Comme les essais que nous avons exposés à propos de la siccativité des couleurs à l'huile ont montré que la céruse, ajoutée à l'huile de lin crue, n'augmentait en rien sa siccativité, et qu'au contraire l'oxyde de zinc la retardait, on est conduit à se demander pourquoi l'on ne pourrait pas préparer un enduit gras ne contenant que de l'huile et du blanc de Meudon.

Si la règle indiquée plus haut est exacte, il suffirait que le rapport du poids de l'huile au poids du blanc de Meudon fût de 0,290.

Nous avons donc préparé un enduit gras ayant la composition suivante :

Huile................	690 grammes	$\frac{690}{2.379}$	= 0,290
Blanc de Meudon......	2.379 —		

Mais on constate que cet enduit file, ne tient pas à la main, et si on y ajoute du blanc de Meudon pour tâcher de le raffermir, on obtient un enduit qui, au début, ne s'épaissit pas sensiblement, mais qui a de plus en plus le défaut de rouler sous le couteau.

Ce résultat tient, non pas à ce que la règle que nous avons fixée est fausse, mais à ce que le blanc de Meudon n'a pas une porosité suffisante, vu sa pulvérisation assez grossière, pour absorber toute l'huile nécessaire pour former un bon enduit.

Il en serait tout autrement si on poussait le broyage du blanc de Meudon un peu plus loin, et, ce qui le prouve bien, c'est que si l'on prend la même substance à l'état de finesse extrême et, par suite, présentant une grande porosité, telle, par exemple, que le carbonate de chaux précipité des laboratoires, on obtient directement un enduit gras parfait, par simple addition d huile.

Faisons seulement remarquer que l'on devra appliquer la règle de rapport énoncée précédemment et que le poids du carbonate de chaux précipité, qui a un grand foisonnement, devra être converti en poids d'un égal volume de blanc de Meudon. L'expérience directe nous ayant montré que 1.000 grammes de carbonate de chaux précipité correspondent en volume à 1.786^{gr},6 de blanc de Meudon, on déterminera l'huile, de manière à avoir le rapport 0,290, ce qui conduit à prendre 518 grammes d'huile. On aura, en effet :

$$\frac{\text{Huile} = 518}{\text{Carbonate de chaux précipité} = 1.000 \text{ correspondant à } 1.786,6 \text{ de blanc}} = \frac{518}{1.786,6} = 0,290$$

On pourra donc composer un enduit gras, sans céruse ni oxyde de zinc, en prenant :

Huile............................	518 grammes.
Carbonate de chaux précipité......	1.000 —

Le mélange doit être fait avec précaution, vu la rapide absorption de l'huile par une substance aussi poreuse; mais, finalement, on obtient un enduit qui ne file pas, qui se tient bien, mais qui est peut-être un peu dur à travailler parce que le mélange exige plus de temps et de malaxage qu'avec des substances moins poreuses.

En résumé : *la bonne tenue d'un enduit résultera surtout de l'état de porosité des substances qui entrent dans sa composition.*

Comme conséquence, on voit que si l'on voulait préparer des enduits avec des substances ne présentant aucune porosité, telles que le sable de Fontainebleau ou le sulfate de baryte pulvérisé, on ne pourrait obtenir un résultat satisfaisant; on ferait bien une pâte, mais l'huile se séparerait rapidement et on n'aurait pas de liant.

Enduits obtenus avec la céruse ou le blanc de zinc seuls. — La céruse et l'oxyde de zinc étant des substances très poreuses, retenant bien l'huile, on peut, par simple mélange d'huile, obtenir des enduits gras. En appliquant le rapport précédent, on prépare des enduits qui se tiennent bien; les proportions à prendre seront les suivantes :

Enduit à la céruse.

Huile..................	151,3
Céruse sèche............	1.000

Enduit à l'oxyde de zinc.

Huile.................... 198
Oxyde de zinc sec....... 1.000

Du rôle de la céruse ou de l'oxyde de zinc dans les enduits gras. — Nous avons vu qu'un enduit gras au blanc de Meudon seul est trop fluide, parce que le blanc de Meudon n'absorbe pas suffisamment l'huile qui est nécessaire pour donner au mélange la consistance voulue et la cohésion nécessaire après transformation de l'huile en matière solide, servant de ciment aux particules solides. Or, la céruse et l'oxyde de zinc, au contraire, ont une porosité telle qu'ils peuvent absorber plus d'huile que la quantité nécessaire pour faire un enduit. Ils viennent alors, mélangés intimement au blanc de Meudon, compenser ce qui manque à ce dernier au point de vue de la propriété de retenir le volume d'huile nécessaire. Il suffira alors de prendre un enduit à base de blanc de Meudon seul, et un autre enduit à base d'oxyde de zinc seul, et de faire des mélanges méthodiques de ces deux enduits, pour établir à partir de quelle limite l'addition d'enduit à base de zinc sera suffisante pour que l'huile reste bien incorporée et que l'enduit gras ait une bonne tenue, permettant de le travailler facilement.

A cet effet, nous avons composé un enduit gras à base de blanc de Meudon seul, que nous désignerons, dans le tableau suivant, par A, et un enduit gras B, à base d'oxyde de zinc seul.

En mélangeant successivement :

9 parties de l'enduit A à 1 partie de l'enduit B
8 — A à 2 — B
. . . .
2 parties de l'enduit A à 8 parties de l'enduit B

nous avons obtenu les enduits C. D... J. K., dont la composition est donnée dans le tableau suivant, rapportée soit à 1 kilogramme d'oxyde de zinc sec, soit à 1 kilogramme de blanc de zinc broyé à 20 0/0, et pour lesquels le rapport de l'huile à la matière solide évaluée en blanc de Meudon est 0,290.

Nous avons indiqué, en outre, la proportion du siccatif (résinate de manganèse) devant être ajoutée à l'huile.

	A Enduit au blanc de Meudon seul.	B Enduit à l'oxyde de zinc seul.	C 9 parties de A. 1 — B.	D 8 parties de A. 2 — B.	E 7 parties de A. 3 — B.	F 6 parties de A. 4 — B.
Oxyde de zinc....	»	1.000	1.000	1,000	1.000	1.000
Huile...........	290	198	2.808	1.358	874.6	633
Blanc de Meudon.	1,000	»	9.000	4.000	2.333	1.500
Oxyde de zinc broyé à 20 0/0..	»	»	1.000	1.000	1,000	1.000
Huile...........	290	»	2.048	886	499,7	306,4
Blanc de Meudon.	1.000	»	7.200	3.200	1.850,4	1.200
Siccatif (2 0/0 de l'huile totale)..	5,8	»	56,16	27,16	17,5	12,66

	G 5 parties de A. 5 — B.	H 4 parties de A. 6 — B.	I 3 parties de A. 7 — B.	J 2 parties de A. 8 — B.	K 1 partie de A. 9 — B.
Oxyde de zinc sec.......	1.000	1.000	1.000	1.000	1.000
Huile..................	488	391,3	322,3	270,5	230,2
Blanc de Meudon........	1.000	666,6	428,6	250	111
Oxyde de zinc broyé à 20 0/0..............	1.000	1.000	1.000	1.000	»
Huile..................	190,4	113	57,8	16,4	»
Blanc de Meudon........	800	640	324,9	200	»
Siccatif (20 0/0) de l'huile totale)...............	9,76	7,82	6,44	5,41	»

Nous avons alors soumis à l'expérience ces divers enduits gras, à teneur variable en oxyde de zinc, et nous avons contaté que les enduits C et D filent trop et ne peuvent être employés ; l'enduit E commence à être meilleur, mais est encore un peu fluide ; enfin l'enduit F et tous les enduits suivants donnent d'excellents enduits, de même tenue que l'enduit ordinaire à base de céruse et ne se différenciant en rien d'avec lui pour le travail.

D'où cette règle : *un bon enduit gras à base d'oxyde de zinc peut être représenté comme résultant du mélange d'un enduit à base de blanc de Meudon et d'un enduit à base d'oxyde de zinc, mélange dans lequel ce dernier devra entrer au minimum pour les* $\frac{4}{10}$.

On aura donc le choix entre les différents enduits compris entre F et J, suivant le prix et la blancheur que l'on voudra obtenir.

L'enduit F, qui est déjà bien blanc, d'une excellente consistance, ne quittant pas le couteau et s'appliquant aisément, nous semble à recommander.

Pour les enduits gras de ratissage, on pourra parfaitement prendre l'enduit E.

Résumé. — 1° Dans un enduit gras, le rapport du poids de l'huile au poids de l'ensemble des matières solides, chacune de celles-ci étant convertie comme poids en blanc de Meudon, d'après le volume qu'elle occupe, est représenté par une constante.

2° La bonne tenue d'un enduit résulte surtout de l'état de porosité des substances qui entrent dans sa composition.

3° La céruse ou l'oxyde de zinc n'ont d'autre rôle que de servir d'excipient pour l'huile que le blanc de Meudon ne peut entièrement retenir par suite de sa porosité insuffisante.

4° L'oxyde de zinc pourra sans inconvénient être substitué à la céruse dans un enduit gras, pourvu qu'il y entre à une dose convenable.

5° Cette dose est déterminée par l'expérience qui montre qu'un bon enduit gras à base d'oxyde de zinc peut être représenté comme résultant d'un mélange d'un enduit à base de blanc de Meudon et d'un enduit à base d'oxyde de zinc, mélange dans lequel ce dernier devra entrer au minimum pour les $\frac{4}{10}$.

COUCHES D'IMPRESSION ET ENDUITS MAIGRES

Considérations générales. — Lorsqu'on doit appliquer une couleur à l'huile, non sur du plâtre mais sur du bois, il est encore indispensable de rendre la surface imperméable afin d'éviter toute modification de la composition de la couleur. D'autre part, quoique le bois présente déjà, après le travail du menuisier, une surface bien plane, souvent poncée au papier de verre, on appliquera cependant un enduit présentant une certaine épaisseur, d'une part, pour avoir un fond homogène et uni et, d'autre part, parce que les différentes parties du bois, les mailles, les parties poreuses, les nœuds, etc., continueraient à se voir, même sous plusieurs couches de peinture.

Pour avoir l'épaisseur voulue, plus faible que celle d'un enduit gras, on est conduit à donner à l'enduit une fluidité plus grande, quoiqu'il s'applique encore au couteau, et on arrive à ce résultat en ajoutant aux éléments d'un enduit gras de l'essence de térébenthine, ce qui constitue un *enduit maigre*.

Dans la plupart des cas, pour éviter que ce mélange d'huile et d'essence ne soit trop vite bu par le bois et que la composition de l'enduit maigre ne subisse elle-même des variations trop grandes, suivant la nature du bois ou son état de dessiccation, on commence par donner une couche d'un mélange de céruse ou d'oxyde de zinc avec de l'huile et de l'essence de térébenthine ; c'est, en somme, une couleur à l'huile très étendue par addition d'essence, car elle n'a pas besoin de couvrir, et son application constitue l'*impression*.

Nous étudierons successivement les couleurs ou *couches* employées dans l'impression et les enduits maigres.

Impression. — Nous avons fait préparer par un ouvrier, d'après ses errements habituels, deux couches d'impression, l'une à base de céruse, et l'autre à base d'oxyde de zinc. Les compositions étaient les suivantes :

Couche d'impression à base de céruse :

Céruse broyée à 17 0/0	1.000	Ce qui correspond à	Céruse sèche	1.000
Huile	95 1		Huile	319 4
Essence	288 2		Essence	347 2

Couche d'impression à base d'oxyde de zinc :

Blanc de zinc broyé à 20 0/0	1.000	Ce qui correspond à	Oxyde de zinc sec	1.000
Huile	142 8		Huile	428 6
Essence	110 4		Essence	238

Nous avons alors comparé les substances contenues dans la couche d'impression à base de céruse à celles contenues dans la couleur à l'huile à base de céruse.

	Couche d'impression.	Couleur pour peinture.	Excédents dans la couche d'impression.
Céruse sèche	1,000	1.000	»
Huile	319 4	300	+ 19 4
Essence	347	170	+ 177

Si l'on fait la même comparaison pour la couche d'impression à base d'oxyde de zinc préparée par l'ouvrier, on trouve un excédent d'huile plus fort, 53,6, et un excédent d'essence qui n'est que de 58.

Nous avons pensé qu'il fallait, pour la couche d'impression à base d'oxyde de zinc, se rapprocher de celle à base de céruse. Dans celle-ci, l'excédent d'huile était de $\frac{1}{15,5}$, nous avons donc ajouté à la teneur d'huile de la couleur à base d'oyde de zinc $\frac{1}{15,5}$, ce qui nous a donné 388 grammes 5.

Pour l'essence, nous avons admis qu'on devait avoir, par rapport à l'huile, le même rapport que dans la couche d'impression à base de céruse, ce qui donne 421 grammes.

On arrive donc à la composition suivante :

Blanc de zinc sec	1.000
Huile	388 5
Essence	421

Ou, en rapportant à 1 kilogr. de blanc de zinc broyé :

Blanc de zinc broyé à 20 0/0	1.000
Huile	110 8
Essence	332
Siccatif à 1 0/0	3 6

Nous avons pris 332 grammes d'essence, au lieu de 320, parce que l'ouvrier, en essayant cette couche, a déclaré qu'on arrivait à une impression suffisante en augmentant la teneur d'essence ; une couche d'impression, en effet, ne doit pas être trop grasse.

Cette couche d'impression appliquée sur bois était parfaitement sèche en moins de 18 heures, et l'on aurait pu appliquer l'enduit maigre.

Enduits maigres. — Pour les enduits maigres, nous avons toujours suivi la même marche : nous avons fait préparer par un ouvrier, en vue de les comparer, deux enduits maigres, l'un à base de céruse, l'autre à base d'oxyde de zinc, suivant sa pratique habituelle, et nous avons déterminé leur composition.

Enduit maigre à base de céruse :

Céruse broyée à 17 0/0	1.000	Correspondant à	Céruse sèche	1.000
Huile	115 7		Huile	343 4
Blanc de Meudon	929		Blanc de Meudon	1.120 2
Essence	72		Essence	86 9

Enduit maigre à base d'oxyde de zinc :

Blanc de zinc broyé à 20 0/0	1.000	Correspondant à	Oxyde de zinc sec	1.000
Huile	131 5		Huile	339 4
Blanc de Meudon	864 2		Blanc de Meudon	1.080 3
Essence	58 4		Essence	73

Si nous comparons l'enduit maigre à base de céruse à l'enduit gras à base de céruse dont la composition a été primitivement établi, nous avons :

	Enduit maigre.	Enduit gras.
Céruse sèche	1.000	1.000
Huile	343 4	534 2
Blanc de Meudon	1.120 2	1.278 3
Essence	86 9	»

Nous constatons que l'enduit maigre à la céruse correspond pour la matière solide 1.000 + 1.120,2, sensiblement à un enduit gras 1.000 + 1.278,3 dont on aurait diminué un peu la consistance en diminuant le blanc de Meudon de 1.278,3 — 1.120,2 = 158 gr., c'est-à-dire d'un huitième.

Pour la quantité de l'huile qui entre dans un enduit maigre, elle peut être déterminée en prenant le rapport de cette huile à la matière solide évaluée en blanc de Meudon, comme nous avons fait pour les enduits gras ; ce rapport, pour l'enduit maigre à base de céruse, est :

$$\frac{\text{Huile} = 343{,}4}{1.000 \text{ de céruse} = 563 \text{ de blanc} + 1.120{,}2 \text{ de blanc}} = \frac{343{,}4}{1.683{,}2} = 0{,}204$$

Enfin, l'essence de térébenthine sera ajoutée proportionnellement à l'huile contenue dans l'enduit.

Appliquons ces règles à un enduis à base d'oxyde de zinc, tel que l'enduit F du tableau des enduits à base de zinc. La composition de cet enduit était :

Oxyde de zinc	1.000
Huile	663
Blanc de Meudon	1.500

Si nous diminuons le blanc de Meudon $\frac{1}{8}$, nous arrivons à 1.312,5. Le total de la matière solide, oxyde de zinc + blanc de Meudon, sera donc 1.000 + 1.312,5.

Pour avoir l'huile, en appliquant le rapport 0,204 trouvé plus haut, on établira la formule :

$$\frac{\text{Huile.}}{685 \text{ (correspondant à 1.000 d'oxyde de zinc)} + 1.312{,}5} = 0{,}204 \text{ d'où huile} = 407{,}5.$$

Enfin, nous déterminerons l'essence en prenant la même proportion par rapport à l'huile que celle qui existe dans l'enduit maigre à la céruse ; on trouve pour l'essence : 103,1.

On arrive ainsi à la composition suivante pour l'*enduit maigre à base d'oxyde de zinc :*

Oxyde de zinc	1.000
Huile	407,5
Blanc de Meudon	1.312,5
Essence	103,1

Ou, en rapportant à 1 kilogr. d'oxyde de zinc broyé :

Oxyde de zinc broyé à 20 0/0	1.000
Huile	126
Blanc de Meudon	1.050
Essence	82,5
Siccatif (1 0/0 de l'huile totale)	3,7

La composition de cet enduit maigre est déjà très satisfaisante, mais nous avons tenu à nous rapprocher encore plus de la composition de l'enduit maigre à base de céruse. Pour le faire, il nous a suffi de partir d'un enduit gras à base de zinc différent. Celui que nous avons adopté correspond au mélange de 1 partie de l'enduit G et 2 parties de l'enduit F. En répétant les calculs précédents, nous arrivons à la composition suivante :

Blanc de zinc broyé à 20 0/0	1.000
Huile	102,2
Blanc de Meudon	933,3
Essence	76,5
Siccatif (1 0/0 de l'huile totale)	3,5

Ajoutons que l'essai fait par l'ouvrier montre qu'on aurait peut-être avantage à pousser a teneur en essence jusqu'à 126,5.

Cet enduit, qui se rapproche autant que possible de l'enduit maigre à la céruse pris comme type, a donné des résultats remarquables au point de vue de l'application, de la prise et de la blancheur ; par suite, nous estimons que l'on peut adopter avec avantage cette composition qui montre que :

Un enduit maigre peut être regardé comme dérivant d'un enduit gras rendu plus fluide par suite du remplacement d'une quantité déterminée d'huile par de l'essence de térébenthine.

ENDUITS POUR MOULURES

Lorsque l'on veut appliquer un enduit sur les moulures, on comprend que l'on ne puisse plus employer le couteau ; il faut, en effet, que l'enduit soit appliqué suivant les profits les plus capricieux ; aussi doit-on l'appliquer à la brosse, et, par suite, il doit présenter une fluidité encore supérieure à celle d'un enduit maigre.

La substitution de l'oxyde de zinc à la céruse a, ici, une très grande importance. En effet, l'application de l'enduit pour moulures se fait à la brosse, après ponçage de la surface antérieurement imprimée, et on termine, quand, après quinze à vingt minutes, l'enduit commence à prendre, en le lissant au moyen d'une peau mouillée. Mais il reste toujours un excès d'enduit dans les angles rentrants de la moulure, dans ce qu'on appelle les *tarabiscos ;* or, l'ouvrier s'en débarrasse très simplement en promenant le doigt dans les parties creuses. On comprend donc que, dans le cas d'un enduit à base de céruse, les chances d'intoxication de l'ouvrier sont largement augmentées par cette opération, assez difficile à remplacer dans la pratique, qui amène la matière dangereuse sous les ongles.

Deux enduits pour moulures, préparés par un ouvrier, nous ont donné :

Enduit pour moulures à base de céruse :

Céruse broyée à 17 0/0	1.000	Correspondant à	Céruse sèche	1.000
Huile	221 5		Huile	471 7
Blanc de Meudon	930 5		Blanc de Meudon	1.121 1
Essence	158 2		Essence	190 7

Enduit pour moulures à base d'oxyde de zinc :

Blanc de zinc broyé à 20 0/0	1.000	Correspondant à	Oxyde de zinc sec	1.000
Huile	184 8		Huile	481
Blanc de Meudon	862 4		Blanc de Meudon	1.078
Essence	151 6		Essence	189 5

Comparons ces enduits pour moulures aux enduits maigres :

Enduit à base de céruse :

	Enduit pour moulures.	Enduit maigre.
Céruse sèche	1.000	1.000
Huile	471 7	343 4
Blanc de Meudon	1.121 1	1.120
Essence	190 7	86 7

Enduit à base d'oxyde de zinc :

Oxyde de zinc sec	1.000	1.000
Huile	481	339 4
Blanc de Meudon	1.078	1.080 3
Essence	189 5	73

La simple inspection de ces tableaux montre que : *l'enduit pour moulures ne diffère de l'enduit maigre que par une addition d'huile et d'essence pour le rendre plus fluide et permettre de l'appliquer à la brosse.*

Nous déterminerons la proportion d'huile de l'enduit à base de zinc en prenant encore, dans l'enduit à base de céruse, le rapport de l'huile à la matière solide évaluée en blanc de Meudon ; nous aurons :

$$\frac{471}{(1.000 \text{ de céruse} = 563 \text{ de blanc}) + 1.121 \text{ de blanc}} = \frac{471}{1.684} = 0\ 280.$$

D'où on pourra déduire facilement la quantité d'huile que doit renfermer l'enduit à base d'oxyde de zinc :

$$\frac{\text{Huile}}{(1.000 \text{ d'oxyde de zinc} = 685 \text{ de blanc}) + 1.078 \text{ de blanc}} = 0\ 280 \text{ d'où huile} = 493 \text{ grammes.}$$

Pour la quantité d'essence, elle sera déduite d'après son rapport à l'huile dans l'enduit à base de céruse; on trouve ainsi que le poids de l'essence doit être de 199,3. On arrive donc, pour l'enduit pour moulures, à la composition suivante :

Oxyde de zinc sec	1.000
Huile	493
Blanc de Meudon	1.078
Essence	199 3

ou, en partant de l'oxyde de zinc broyé :

Oxyde de zinc broyé à 20 0/0	1.000
Huile	194 4
Blanc de Meudon	862 4
Essence	159 4
Siccatif (1 0/0 du poids de l'huile totale)	3 9

Cet enduit, essayé par l'ouvrier, s'appliquait remarquablement bien, était d'une blancheur parfaite et était complètement sec après moins de seize heures. L'ouvrier conseillait cependant de diminuer un peu la proportion d'huile et d'augmenter celle de l'essence, en prenant 174 grammes d'huile et 170 grammes d'essence.

PRIX DE REVIENT COMPARATIFS

DES PRODUITS À BASE DE CÉRUSE ET DES PRODUITS À BASE D'OXYDE DE ZINC.

Pour les produits à base de céruse, préparés à la manière ordinaire par un ouvrier expérimenté, et pour les produits à base d'oxyde de zinc dont la composition nous a semblé la meilleure, nous avons établi les prix de revient, en prenant les prix des matières premières au cours de la fin du mois d'avril, soit :

Céruse surfine broyée à 17 0/0	65 fr.	les 100 kilos.
Blanc de zinc broyé à 20 0/0	80 »	—
Huile de lin	122 »	—
Essence de térébenthine	97 »	—
Blanc de Meudon en poudre	6 »	—
Résinate de Manganèse	60 »	—

Couleurs à l'huile.

Couleur à base de céruse :

	grammes.	francs.
Céruse broyée à 17 0/0	1.000	0 650
Huile	87 5	0 107
Essence	137 5	0 133
Siccatif	2 9	0 002
	1.227 9	0 892

Couleur à base d'oxyde de zinc préparée par M. Wernet :

	grammes.	francs.
	—	—
Oxyde de zinc broyé à 20 0/0	1.000	0 800
Huile	87 5	0 107
Essence	137 5	0 133
Siccatif	2 9	0 002
	1.227 9	1 042

D'après l'expérience comparative exécutée par M. Wernet et dont il a bien voulu nous communiquer les résultats détaillés, ce dont nous le remercions très vivement, on arrive à avoir, par mètre superficiel de peinture au blanc de zinc, une différence en plus qui n'est que 0 fr. 0152, en tenant compte de la main-d'œuvre qui est légèrement inférieure avec la couleur au blanc de zinc, parce que celle-ci contient plus d'huile, et, par suite, est moins dure à appliquer.

Couleur à base d'oxyde de zinc préparée sur nos indications :

	grammes.	francs.
	—	—
Oxyde de zinc broyé à 20 0/0	1.000	0 800
Huile	92	0 112
Essence	140	0 135
Résinate de manganèse	2 9	0 002
	1.234 9	1 049

Avec cette composition, qui contient un peu plus d'huile et d'essence, on couvre une surface plus grande, ce qui amène le prix de revient de cette couleur à base d'oxyde de zinc à être tout à fait comparable au prix de revient de la couleur à base de céruse, ainsi que nous l'a montré l'expérience directe, surtout quand on prend 100 d'huile au lieu de 92.

ENDUITS GRAS

Enduit gras à la céruse pour ratissage :

	grammes.	francs.	
	—	—	
Céruse broyée à 17 0/0	1.000	0 650	0 fr. 439 le kilogr.
Huile	461 5	0 563	
Blanc de Meudon	1.507 7	0 091	
Résinate de manganèse	13	0 008	
	2.982 2	1 312	

Enduit gras à l'oxyde de zinc pour ratissage :

Enduit D :

	grammes.	francs.	
	—	—	
Blanc de zinc broyé à 20 0/0	1.000	0 800	0 fr. 408 le kilogr.
Huile	886	1 081	
Blanc de Meudon	3.200	0 192	
Résinate de manganèse	27	0 016	
	5.113	2 089	

Enduit E :

	grammes.	francs.	
	—	—	
Blanc de zinc broyé à 20 0/0...........	1.000	0 800	0 fr. 454 le kilogr.
Huile..................................	499 7	0 609	
Blanc de Meudon......................	1.850 4	0 111	
Résinate de manganèse................	17 5	0 011	
	3.367 7	1 531	

Enduit gras à base de céruse pour travaux soignés :

	grammes.	francs.	
	—	—	
Céruse broyée à 17 0/0................	1.000	0 650	0 fr. 449 le kilogr.
Huile..................................	273 4	0 333	
Blanc de Meudon......................	1.061	0 064	
Résinate de manganèse................	8 8	0 005	
	2.343 2	1 052	

Enduit gras à base d'oxgde de zinc pour travaux soignés :

	grammes.	francs.	
	—	—	
Blanc de zinc broyé à 20 0/0...........	1.000	0.800	0 fr. 497 le kilogr.
Huile..................................	306 4	0 374	
Blanc de Meudon......................	1.200	0 072	
Résinate de manganèse................	12 6	0 008	
	2.519	1 254	

Avec un kilogramme d'enduit à la céruse, on couvre un peu plus d'un mètre superficiel, mais on compte généralement une plus-value de 0 fr. 09 pour la main-d'œuvre, lorsqu'on applique un enduit à base d'oxyde de zinc ; or, ici, l'enduit à base d'oxyde de zinc s'appliquant aussi facilement que l'autre, on économiserait cette plus-value de main-d'œuvre.

COUCHES D'IMPRESSION

Couche à base de céruse :

	grammes.	francs.	
	—	—	
Céruse broyée à 17 0/0................	1.000	0 650	0 fr. 755 le kilogr.
Huile..................................	95 1	0 116	
Essence................................	288 2	0 280	
Résinate de manganèse................	3 6	0 002	
	1.386 9	1 048	

Couche à base d'oxyde de zinc préparée par l'ouvrier :

	grammes.	francs.	
	—	—	
Blanc de zinc broyé à 20 0/0...........	1.000	0 800	0 fr. 862 le kilogr.
Huile..................................	142 8	0 174	
Essence................................	110 4	0 107	
Résinate de manganèse................	3 9	0 003	
	1.257 1	1 084	

Couche à base d'oxyde de zinc préparée sur nos indications :

	grammes.	francs.	
Blanc de zinc broyé à 20 0/0.........	1.000	0,800	0 fr. 870 le kilogr.
Huile...........................	110,8	0,135	
Essence.........................	332	0,322	
Résinate de manganèse............	3,6	0,002	
	1.446,4	1,259	

ENDUITS MAIGRES

Enduit maigre à base de céruse :

	grammes.	francs.	
Céruse broyée à 17 0/0..............	1.000	0,650	0 fr. 432 le kilogr.
Huile...........................	115,7	0,141	
Blanc de Meudon..................	929	0,056	
Essence.........................	72	0,070	
Résinate de manganèse............	3,5	0,002	
	2.120,2	0,919	

Enduit maigre à base d'oxyde de zinc :

	grammes.	francs.	
Blanc de zinc broyé à 20 0/0.........	1.000	0,800	0 fr. 499 le kilogr.
Huile...........................	102,2	0,125	
Blanc de Meudon..................	933,3	0,056	
Essence.........................	76,5	0,074	
Résinate de manganèse............	3,5	0,002	
	2.115,5	1,057	

ENDUITS POUR MOULURES

Enduit à base de céruse :

	grammes.	francs.	
Céruse broyée à 17 0/0..............	1.000	0,650	1 fr. 132 le kilogr.
Huile...........................	221,5	0,270	
Blanc de Meudon..................	930,5	0,056	
Essence.........................	158,2	0,154	
Résinate de manganèse............	3,9	0,002	
	2.314,1	1,132	

Enduit à base d'oxyde de zinc :

	grammes.	francs.	
Blanc de zinc broyé à 20 0/0.........	1.000	0,800	1 fr. 246 le kilogr.
Huile...........................	194,4	0,237	
Blanc de Meudon..................	862,4	0,052	
Essence.........................	150,4	0,155	
Résinate de manganèse............	3,9	0,002	
	2.220,1	1,246	

En résumé, on voit que, pour les couleurs à l'huile, les prix du mètre superficiel couvert ne diffèrent pas. Pour les enduits, ceux à base d'oxyde de zinc sont un peu plus chers, mais les prix ne diffèrent pas d'une manière exagérée de ceux des produits à base de céruse; de plus, cette augmentation de prix est encore diminuée, si l'on tient compte du fait que l'oxyde de zinc occupe un volume plus grand que la céruse (1). Le prix de la main-d'œuvre ne sera pas changé, ces produits ayant la même tenue que les produits à base de céruse, et, enfin, on trouvera une large compensation dans la blancheur plus grande, l'inaltérabilité, et, surtout, l'inocuité des produits à base de zinc.

Ajoutons que tous les efforts, à notre avis, doivent être faits en vue d'avoir du blanc de Meudon plus finement pulvérisé, qui absorbera une plus grande quantité d'huile; on arrivera ainsi à diminuer et peut-être à supprimer dans les enduits la teneur en blanc de zinc broyé qui vaut 80 francs les 100 kilogrammes, en le remplaçant par du blanc de Meudon, qui vaut actuellement 6 francs les 100 kilogrammes et dont le prix ne serait que faiblement augmenté par suite d'une pulvérisation poussée plus loin.

On pourrait peut-être, aussi, chercher à utiliser le carbonate de chaux précipité, résidu de certaines opérations industrielles.

DURÉE DE LA PEINTURE AU BLANC DE ZINC

On a souvent reproché aux produits à base de zinc d'avoir une durée moindre, surtout pour les travaux extérieurs. Ce reproche est, en effet, fondé, mais il est dû à ce que les produits, préparés généralement comme ceux à base de plomb, ne contiennent pas une quantité d'huile suffisante; or, c'est l'huile qui, en séchant, donne un réseau solide et élastique emprisonnant les particules solides.

On comprend facilement que l'on ne trouvera pas une très grande différence pour les travaux intérieurs, pour lesquels les variations de température ne se font pas brusquement sentir; il en est tout autrement à l'extérieur, et les dilatations ou contractions ont alors un effet très nuisible, parce que la couche n'est pas assez élastique pour se prêter à ces mouvements, dans des limites souvent fort étendues. Avec l'excès d'huile que nos formules indiquent, il nous semble certain que la résistance des produits à base de zinc deviendra comparable à celle des produits à base de plomb. Néanmoins, nous ne pouvons encore nous appuyer sur des résultats d'expériences de durée suffisante.

Conclusion.

Il nous semble résulter, d'une manière évidente, de notre travail et des applications qui ont été faites des produits à base d'oxyde de zinc ayant les compositions que nous avons indiquées, qu'aucune objection de principe ne s'oppose à la substitution du blanc de zinc à la céruse.

Certes, on pourra encore envisager bien des points particuliers: on devra voir l'effet du blanc de zinc dans certaines couleurs teintées : on pourra continuer à chercher les moyens de remplacer l'oxyde de zinc lui-même par d'autres substances aussi inoffensives, mais

(1) Si l'on compare les prix pour des volumes égaux, on trouve que le prix de 1.000 centimètres cubes est de :

1 fr. 059 pour les enduits gras à la céruse.

1 fr. 105, pour les enduits gras au zinc (prix ne dépassant pas de $\frac{1}{23}$ le précédent).

1 fr. 070 pour les enduits maigres à la céruse.

1 fr. 169 pour les enduits maigres au zinc (prix ne dépassant pas de $\frac{1}{11}$ le précédent).

1 fr. 057 pour les enduits pour moulures à la céruse.

1 fr. 162 pour les enduits pour moulures au zinc (prix ne dépassant pas de $\frac{1}{10}$ le précédent).

moins chères; on devra surtout arriver à diminuer la proportion d'oxyde de zinc employé dans les enduits en pulvérisant plus finement le blanc de Meudon, etc.

Pour nous, nous nous sommes particulièrement astreints à n'employer que les produits usuellement mis en œuvre, afin de ne pas changer les habitudes actuelles; la substitution du blanc de zinc à la céruse n'entraîne que de simples modifications dans les proportions des divers éléments, et l'habileté professionnelle des ouvriers leur permettra rapidement. non seulement de préparer couramment ces produits définis, mais encore, par de légères modifications dans les proportions, de les approprier aux divers genres de travaux qu'ils auront à effectuer.

Notre conclusion résulte d'expériences entreprises sans aucune idée préconçue et nous serions heureux de voir l'hygiène industrielle bénéficier de nos recherches.

ANNEXE XXI

RAPPORT

Sur les accidents professionnels saturnins, leur diagnostic médical et leurs conséquences au point de vue de la capacité du travail.

Le plomb, tous ses sels et tous ses alliages sont texiques, également toxiques, et produisent les mêmes accidents dans l'organisme de l'ouvrier qui les a absorbés soit par les *voies digestives*, soit par les *voies respiratoires*, soit par la *voie cutanée*, et ces accidents forment un groupe naturel connu sous le nom de *saturnisme*, ou *intoxication saturnine*.

Les différences cliniques, les variations qu'on observe dans la gravité de l'intoxication saturnine ne tiennent en aucune façon à l'espèce de préparation plombique maniée, mais seulement au mode de travail, suivant que celui-ci dégage plus ou moins de poussière toxique, qu'il nécessite un contact plus ou moins intime avec la substance dangereuse, une exposition plus ou moins répétée ou prolongée aux effets de cette substance, et suivant encore que les précautions hygiéniques et prophylactiques sont plus ou moins négligées, etc.

Toute industrie où le plomb est employé sous quelque forme que ce soit est donc facteur d'intoxication saturnine, et si quelques industries font plus de saturnins que les autres, la chose s'explique par la simple observation des conditions matérielles de ces industries.

Puisque l'intoxication saturnine est *une*, que tous les composés du plomb, employés industriellement sont facteurs d'une même intoxication, notre rapport n'a qu'à énumérer les accidents saturnins et à formuler des réponses aussi satisfaisantes qu'il se pourra aux diverses questions qui doivent faire l'objet des études et des discussions de la Commission.

Nous adopterons le plan suivant :

1° Énumération eu classement des accidents saturnins professionnels;

2° Marche générale de l'intoxication industrielle;

3° Étude des accidents saturnins en particulier au point de vue de leur fréquence, de leur durée, de leur gravité et de leurs conséquences relativement à l'incapacité de travail temporaire ou permanente qu'ils peuvent entraîner, et des caractères qui permettent d'en assurer le diagnostic médical.

I. — *Énumération et classement des accidents saturnins.*

L'empoisonnement par le plomb est celui qui présente la plus grande richesse d'expression symptomatique : les accidents saturnins sont donc très nombreux, d'importance d'ailleurs très différente et quelques-uns sont encore ou mal connus ou discutés. Les énumérer tous serait malaisé et d'ailleurs inutile : nous nous bornons au plus fréquents, aux plus importants aux mieux connus.

Dans cette énumération, comme d'ailleurs dans tout le cours de ce rapport, nous aurons soin de n'avancer aucune opinion personnelle. Nous avons tenu à nous appuyer exclusivement sur les auteurs qui font autorité en la matière, et dont nous avons revu et dépouillé les travaux pour ce rapport : Tanquerel des Planches, Grisolle, Manouvrier, Garrod, Duchesne de Boulogne, Charcot, Letulle, etc.

On peut énumérer de la façon suivante les divers troubles et symptômes pathologiques qui constituent les manifestations les plus communes du saturnisme.

Accidents aigus ou subaigus (épiphénomènes aigus ou subaigus.)

1. Coliques de plomb;
2. Myalgies-arthralgies;
3. Troubles nerveux moteurs et sensitifs : Paralysies, encephalopathie, hystérie saturnine, tremblements.

Accident chroniques. La cachéxie saturnine avec ses constituantes :

Anémie progressive;
Néphrite saturnine;
Goutte saturnine;
Artériosclérose.

II. — *Marche générale de l'intoxication saturnine.*

Les accidents saturnins apparaissent d'une façon plus ou moins précoce après le début de l'exposition au poison suivant la ***prédisposition individuelle***, les ***habitudes hygiéniques*** du sujet et suivant la *dose de poison* à laquelle il est soumis, c'est-à-dire suivant le métier saturnin qu'il exerce.

De la ***prédiposition individuelle*** nous ne savons rien. Il est seulement constant que toutes choses étant ou paraissant égales, dans une même usine, dans un même atelier, tel ouvrier a des accidents au bout de quelques jours ou quelques mois d'exposition au poison, tel autre, au contraire, travaille depuis des années sans savoir présenté le moindre symptôme d'intoxication.

L'*influence du métier* se conçoit d'elle-même : là où l'intoxication doit se faire plus facile et plus forte, les symptômes saturnins apparaissent de meilleure heure : l'ouvrier qui fabrique le minium est atteint plus précocement que le peintre en bâtiment, par exemple.

Les *habitudes hygiéniques* ont une influence très marquée sur le début et sur la répétition des accidents. L'*ouvrier propre* évite ou retarde l'éclosion des premiers accidents et leur répétition.

L'influence de l'*alcoolisme* est bien connue et doit être prise en considération sérieuse. Les accidents saturnins éclatent très nettement après un écart de régime, et l'on sait même que chez un ouvrier qui a eu des accidents saturnins antérieurs, mais ne travaille plus au plomb, parfois depuis longtemps, un excès de boisson peut ramener des accidents saturnins très caractérisés.

L'intoxication saturnine tantôt ne constitue qu'un accident *passager*, déterminant une simple incapacité temporaire de travail sans reliquat, tantôt au contraire s'empare pour ainsi dire de l'individu tout entier qu'elle conduit, à travers une série d'épisodes pathologiques, à la déchéance totale, à l'invalidité, à l'incapacité permanente et absolue de travail et enfin à la mort.

Rentrent dans la première catégorie les individus qui, après un premier accident saturnin, ou tout au moins sans attendre la répétition trop fréquente des accidents, quittent leur dangereux métier.

Pour les autres, ceux qui subissent l'intoxication continue, se déroule ***schématiquement*** le tableau suivant : une série d'*épisodes aigus ou subaigus, à répétition*, tranchent sur un fond d'*infirmité chronique* qui s'aggrave chaque jour.

Les *épisodes aigus ou subaigus* à répétition, que nous étudierons de plus près ci-dessous, sont les *coliques de plomb*, les *myalgies et artralgies*, les *paralysies* et les *ictus cérébraux*, qui peuvent parfois mettre brusquement fin au tableau de l'intoxication chronique en provoquant la mort rapide : tous ces épisodes constituent — les ictus cérébraux mortels étant naturellement exceptés — une invalidité temporaire plus ou moins longue une *incapacité de travail temporaire.*

L'infirmité chronique, la *cachexie saturnine* tient à l'imprégnation de tout l'individu : elle se marque par les dégénérescences artérielles, les lésions rénales, la goutte saturnine, l'anémie, et elle aboutit, ainsi que nous le dirons ci-dessous, à l'*invalidité totale*, à l'*incapacité absolue* et *permanente* de travail, et enfin à la mort.

Dans la pratique, la complexité symptomatique, la rapidité d'évolution et la gravité de l'intoxication saturnine *progressive* et *continue* sont naturellement variables, et ici nous retrouvons les facteurs déjà connus : *la prédisposition individuelle*, que nous mentionnons sans pouvoir aller au delà de ce simple énoncé ; *la dose et la violence de l'intoxication*, c'est-à-dire le genre de métier même, et enfin les *habitudes hygiéniques*. C'est ainsi que l'on peut voir les épisodes aigus se dérouler peu violents à longs intervalles l'un de l'autre, et l'infirmité chronique avec tous ses éléments constituants reculée pour ainsi dire indéfiniment, tandis qu'ailleurs les épisodes aigus se répètent coup sur coup, à bref délai, l'infirmité chronique fait des progrès d'une rapidité effrayante et en quelques mois, en un an ou deux l'individu arrive à la déchéance totale absolue, s'il n'a pas été emporté au cours d'un épisode aigu de saturnisme. C'était l'histoire commune de la trop fameuse usine de Clichy, et si cette physionomie de saturnisme est plus rare aujourd'hui, tout médecin en a vu cependant quelques exemples. D'autre part aussi tout médecin a observé des peintres, par exemple, qui ont un épisode aigu de coliques ou tout autre épisode aigu à de très longs intervalles, et qui exercent leur métier pour ainsi dire leur vie entière, sans arriver à l'incapacité absolue de travail, et sans connaître jamais autre que les incapacités temporaires déterminées par les épisodes aigus de leur intoxication.

III. — *Étude particulière des divers accidents saturnins.*

Cet aperçu général esquissé, nous allons entrer dans le détail et prendre chaque symptôme ou groupe de symptômes en particulier pour le traiter au point de vue de sa fréquence, de sa gravité, de sa durée, des conséquences qu'il peut entraîner pour le travail et de ses caractères diagnostiques. Mais tout d'abord, il nous faut étudier à part un *stigmate* de l'intoxication plombique dont le rôle est capital dans le diagnostic du saturnisme et des accidents qu'il provoque ; ce stigmate est constitué par les *colorations plombiques de la muqueuse buccale.*

Les colorations plombiques de la muqueuse buccale.

Ce sont le *liséré gingival de Burton*, la plus fréquente de ces colorations, et les *plaques de la face interne des joues et des lèvres* (tatouage plombique) plus rare que le liséré.

Le liséré gingival de Burton est connu de tout le monde. Il se rencontre sur le bord libre des gencives, au niveau de la sertissure des dents, et consiste en une coloration gris bleuâtre ardoisé, plus ou moins noirâtre quand elle est intense, et dont l'étendue varie depuis un dixième de millimètre jusqu'à un millimètre environ.

La signification du liséré gingival est très grande. Il est constitué, en effet, par du *sulfate de plomb*, et le plomb qui s'est ainsi transformé en sulfure sous l'influence de l'hydrogène sulfuré, toujours présent dans la bouche, provient *pour les uns* de l'*extérieur*, c'est-à-dire de l'atmosphère *professionnelle* où vit le malade et qu'il respire ou déglutit, ou bien de ses mains imprégnées de plomb qu'il a portées à sa bouche ; *pour les autres* de l'*organisme même du malade* dont le sang imprégné de plomb laisse transsuder le métal dans la bouche à travers les glandes buccales et les gencives. Il y a en faveur des deux théories, toutes deux soutenues par des auteurs recommandables, de fort bons arguments et elles ne sont nullement inconciliables ni exclusives l'une de l'autre. En les acceptant, on voit que le liséré saturnin constitue *soit* un signe certain que le sujet vit dans une atmosphère de poussières plombiques, *soit* un indice que l'organisme du sujet est imprégné de plomb.

On comprend quel appui le médecin trouve dans la constatation du liséré de Burton pour affirmer la nature saturnine des accidents qu'accuse le sujet porteur de ce liseré et c'est à ce titre d'élément diagnostique de premier ordre — admis comme tel par tous les auteurs — que nous l'étudions ici.

Le liséré de Burton est très fréquent chez les saturnins : *il n'est pas cependant absolument constant,* et il peut ne pas exister chez des ouvriers qui présentent cependant au moment de l'examen des signes indéniables d'intoxication par le plomb. C'est ainsi que le docteur Manouvrier, sur 50 cas de saturnisme professionnel indéniables, étudiés par lui à ce point de vue, a noté l'absence du liséré gingival de Burton dans 5 cas. Il ne faudrait donc pas attacher à la présence de ce liséré une valeur absolue et en exiger la présence *sine qua non* pour rattacher au saturnisme des accidents observés.

Le tatouage des joues et des lèvres est de même provenance et de même signification, *quand il existe*, que le liséré gingival ; mais il est de fréquence beaucoup moindre.

Venons-en maintenant AUX ÉPISODES AIGUS ET SURAIGUS DE L'INTOXICATION.

Coliques de plomb.

La colique de plomb est un épisode aigu de l'intoxication saturnine, c'est le plus fréquent de tous, puisque, d'après une statistique de Tanquerel des Planches partout reproduite, les coliques de plomb, les douleurs des membres, les paralysies, les accidents cérébraux — tous épisodes aigus — sont entre eux au point de vue de la fréquence dans les rapports de 12, 8, 2 et 1.

C'est, suivant la définition de Grisolle, qui l'a si bien étudiée au siècle dernier « une maladie complètement apyrétique, caractérisée par des douleurs abdominales vives, exacerbantes, qui se calment le plus ordinairement par la pression, s'accompagnent de nausées, de vomissements verdâtres, d'une constipation opiniâtre, souvent de crampes dans les membres et d'autres sensations douloureuses dans les autres parties du corps ».

La colique de plomb apparaît pour la première fois à une période variable — plus précoce ou plus tardive — après le début de l'exposition au plomb. Elle récidive à toutes périodes de l'intoxication, plus ou moins fréquemment, et à intervalles plus ou moins longs, suivant le métier, les habitudes hygiéniques de l'ouvrier.

Elle peut même se montrer chez les individus soustraits tout à fait à l'influence du plomb sous l'influence d'un excès alcoolique. Tanquerel a publié des cas de cette espèce, et tous les observateurs les admettent. Il n'est pas, naturellement contesté que cette influence que l'alcool exerce après la cessation de l'exposition professionnelle au plomb, il l'exerce *à fortiori* pendant toute la durée de l'exercice de l'exposition professionnelle : assez fréquemment, en effet, on retrouve chez les ouvriers pris de coliques la notion étiologique d'un excès de boisson provocateur de l'accident.

La colique de plomb en elle-même n'a pas de gravité; elle ne compromet pas la vie — sauf complication intercurrente, tel qu'un accès d'encéphalopathie — elle ne laisse aucune suite et ne constitue donc qu'une *incapacité de travail temporaire absolue.* La durée de cette incapacité de travail temporaire absolue qui correspond à l'accès de colique et à la convalescence, ne *saurait être précisée absolument,* car elle est très variable et nous ne disposons d'aucun élément pour porter d'avance un jugement ferme sur elle. Non traitée, la colique peut se prolonger pendant des semaines ; traitée elle cède d'ordinaire en quelques jours, mais la convalescence en est très souvent longue, et le moindre écart de régime peut y ramener une nouvelle apparition de la colique, qui, d'ailleurs, peut tout aussi bien récidiver sans motif provocateur au cours de la convalescence.

Le diagnostic médical de la colique saturnine est *en général* aisé : la colique de plomb comme aussi la paralysie des avant-bras a un *cachet clinique* tout particulier auquel un médecin ne se trompe guère, surtout quand, en plus des symptômes déjà si éloquents par eux-mêmes, il possède la notion du métier exercé par le malade et constate un liséré saturnin. L'existence bien confirmée de coliques antérieures complète souvent encore un faisceau d'éléments qui rendent l'appréciation aisée.

Myalgies et arthralgies saturnines.

On désigne sous ce nom des douleurs qui siègent dans les muscles et les articulations, surtout aux membres et surtout aux membres inférieurs. On a dit qu'elles étaient pour les membres ce que la colique est pour l'abdomen : elles sont comme elle un épisode aigu. Nous avons donné ci-dessus un aperçu de leur fréquence.

Elles coexistent souvent avec la colique et on peut en faire alors abstraction dans l'appréciation de l'accident, car leur importance s'efface devant celle de la colique.

Elles sont d'ailleurs isolées et constituent alors à elles seules l'épisode aigu de l'intoxication.

Leur intoxication va de la simple gêne à la douleur atroce, paroxystique, constituant une incapacité absolue de travail.

Les myalgies et arthralgies saturnines sont sans gravité pour la vie; elles ne constituent qu'une *infirmité temporaire*, mais sur la durée de laquelle nous avons bien peu de renseignements. Grisolle dit qu'elles peuvent durer quelques jours ou se prolonger pendant des semaines et même des mois entiers, sans que rien naturellement puisse faire prévoir à l'apparition quelle marche elles prendront.

Le diagnostic de ces manifestations, en dehors du cas où elles coexistent avec la colique nous semble devoir être des plus épineux. Elles n'ont pas, comme la colique, ce cachet si particulier, et distinctif qui s'impose de lui-même à l'observateur. Elles ressemblent aux manifestations rhumatismales vulgaires — au rhumatisme musculaire surtout, un ancien auteur les dénommait *rhumatisme métallique* — et je ne vois guère de signe qui permette une différenciation sérieuse, absolue. De fortes probabilités sont constituées par la notion du métier exercé par le malade, par la présence du liséré, la connaissance d'accidents saturnins antérieurs, mais ce ne sont là que des probabilités, car un saturnin peut être un rhumatisant, et le problème est alors scientifiquement insoluble.

Troubles nerveux moteurs et sensitifs.

Comme toutes les grandes intoxications professionnelles chroniques, comme l'arsenicisme, l'hydrargyrisme, etc., le saturnisme est très riche en troubles nerveux moteurs et sensitifs. Mais il s'en faut de beaucoup que tous soient bien connus et notre étude ne se ressentira que trop de cette insuffisance de notions cliniques et pathogéniques ; on ne peut en effet établir des déductions utiles à la pratique que pour des troubles classés et indiscutés, comme la colique nous en a offert un type.

Nous classerons les troubles nerveux sous les trois rubriques suivantes :

Paralysies motrices ;
Encéphalopathie saturnine ;
Hystérie saturnine.

Paralysies motrices.

Les auteurs les divisent en paralysies localisées et en paralysies généralisées.

Au point de vue spécial tout pratique où nous devons nous placer, nous les diviserons en paralysies *communes* ou paralysies classiques, bien connues, à diagnostic simple ; et en paralysies *rares*, et qu'il n'est pas toujours aisé de rapporter à l'action du plomb.

Paralysies communes

Les *paralysies communes* sont les *paralysies de l'avant-bras*, aussi connues du monde ouvrier que du monde médical. La paralysie de l'avant-bras n'est pas en général le premier signe de l'intoxication saturnine. Elle n'apparaît guère que lorsque l'imprégnation saturnine est bien confirmée et elle témoigne de cette imprégnation. Dans l'immense majorité des cas, l'individu qui est atteint de paralysie saturnine des avant-bras, a eu déjà une ou plusieurs coliques, des accès douloureux des membres et des articulations et présente les symptômes de l'anémie saturnine. A cette règle il est pourtant des exceptions : les auteurs les plus recommandables du siècle ont cité des cas de paralysie constituant le premier signe d'intoxication.

Tanquerel des Planches, qui a analysé 102 cas de paralysie saturnine, en a noté :

9 dans le courant du premier mois de l'intoxication,
14 dans les deux premiers mois,
36 dans les deux premières années,
32 après dix ans de travail,
13 après vingt ans,
1 après 52 ans.

Remak, qui a fait ses recherches en Allemagne, professe que la paralysie saturnine professionnelle apparaît seulement de 8 à 34 ans après le début de l'intoxication et en moyenne après 14 ans de manipulation des substances toxiques.

Il va de soi que le genre de métier influe beaucoup sur la précocité d'apparition des accidents. Celui qui réalise l'imprégnation saturnine la plus rapide est celui qui fait les paralysies les plus précoces; les cérusiers jouissaient autrefois d'un fâcheux privilège à ce sujet.

La paralysie coïncide souvent avec un autre accidenf aigu et surtout avec la colique.

Au point de vue symptomatique, comme la colique de plomb, la paralysie saturnine des avant-bras a un *cachet* tout particulier qui ne laisse guère place à l'erreur ; bilatérale, avec prédominance à droite chez les droitiers, à gauche chez les gauchers, elle détermine une chute de la main sur le poignet, que le malade est incapable de relever. Ajoutons-y des signes de constatation aisée pour le médecin : indemnité de certains muscles de l'avant-bras, réactions électriques, etc., et nous aurons constitué un tableau tout à fait spécial. Ici donc le diagnostic est aisé, une pareille paralysie n'appartient guère pratiquement qu'à l'intoxication saturnine et avec la constatation du liséré, la notion de la profession exercée par le sujet paralysé, on a toute certitude.

Comme la colique la paralysie saturnine des avant-bras est un phénomène aigu *à répétition :* le sujet guéri de sa paralysie, aura de nouvelles attaques de paralysie s'il continue à s'exposer au plomb. Mais mieux encore, et ceci est d'une extrême importance pour nous, la réapparition de la paralysie peut se faire *après cessation de tout travail saturnin*. Tanquerel des Planches a cité le cas d'un ouvrier qui a eu, à diverses reprises, des rechutes de paralysie saturnine, plusieurs années après qu'il ne travaillait plus le plomb.

Ici comme pour la colique il suffit en effet souvent d'un *écart de régime*, d'un *excès alcoolique* ou autre, pour voir apparaître une attaque de paralysie chez des ouvriers soustraits depuis longtemps à toute influence saturnine. Il va de soi que ce que l'alcool fait ainsi en dehors de tout travail actuel au plomb, il le fait *a fortiori* pendant l'exposition professionnelle.

La paralysie saturnine des avant-bras constitue une *incapacité de travail* absolue mais s'agit-il d'une incapacité *temporaire* ou *permanente ?* En d'autres termes, est-elle curable et dans quel délai ?

Tous les auteurs s'accordent à dire qu'en règle générale la paralysie saturnine des avant-bras est *curable* et d'autant plus curable qu'elle est bien traitée. Il existe cependant des cas incurables et Mme Déjerine a cité, dans son excellente thèse, un saturnin qui depuis *seize ans* gardait une paralysie des avant-bras : c'est bien là l'*incapacité permanente absolue* au travail, que Grisolle mentionne aussi.

Mais quand, si la paralysie guérit, en combien de temps guérit-elle ?

Aucune formule mathématique ne peut exprimer ce délai, aucune prévision ne peut en être établie d'avance. Les cas ordinaires paraissent guérir en six à huit semaines, mais des délais plus courts (quelques jours) et des délais beaucoup plus longs (des mois) sont également observés.

Grisolle parle aussi de guérisons *incomplètes*, c'est-à-dire laissant un reliquat qui doit naturellement causer un léger degré d'incapacité de travail. On voit donc qu'il s'agit ici de cas d'espèce où l'on ne saurait formuler avec trop de prudence un *pronostic de durée* au premier examen.

Paralysies rares.

La localisation de la paralysie saturnine aux avant-bras est la localisation classique, et de beaucoup la plus fréquente, mais il en est d'autres encore qui portent sur : *a*) les petits muscles de la main, *b*) les muscles du bras et de l'épaule, et *c*) les muscles des jambes.

Lorsque ces manifestations paralytiques accompagnent — *ce qui est la règle* — la paralysie classique des avant-bras, la précédant, se surajoutant à elle ou lui succédant ; le diagnostic de leur nature saturnine est aisé.

Il en serait tout autrement, peut-être, si ces paralysies à siège insolite se montraient isolées, c'est-à-dire en dehors de toute manifestation paralytique sur les avant-bras : le fait paraît heureusement exceptionnel.

Cependant il n'est pas indifférent de savoir que chez certains ouvriers — les tailleurs de limes — un auteur allemand, Mobius, a décrit une paralysie des petits muscles de la main qui survient à titre de première manifestation du saturnisme sur l'appareil moteur. Les petits muscles de la main sont paralysés et atrophiés et la main devient incapable de tout service. L'affection paraît assez rebelle, contrairement à ce qu'on voit dans les autres formes rares de paralysies localisées ci-dessus mentionnées, qui guérissent toujours, d'après les quelques documents que nous possédons à ce sujet. Fixer un délai de durée pour ces paralysies est d'ailleurs peu facile.

Dans les *paralysies rares*, il faut, à côté des *paralysies localisées*, faire place aux paralysies *généralisées*.

Ces paralysies généralisées se présentent sous deux formes :

a) Dans la première, la généralisation se fait *lentement* : chez un saturnin invétéré ayant eu des phénomènes divers et indiscutables d'intoxication, et porteur d'une paralysie classique des avant-bras, on voit la paralysie se mettre à envahir lentement et par étape les muscles de la racine des membres supérieurs, les muscles de la main, les muscles des jambes, et enfin des cuisses.

L'affection ainsi créée n'offre guère de difficulté dans son diagnostic comme accident *saturnin*, Elle constitue évidemment une incapacité de travail absolue, mais seulement *temporaire*, car ces paralysies guérissent. Nous serions seulement assez embarrassés pour fixer leur durée.

b) Ailleurs, la paralysie se généralise en bloc, d'une seule étape, et du jour au lendemain, aux muscles des membres, du tronc, de l'abdomen et du thorax.

La nature de pareille paralysie — heureusement tout à fait exceptionnelle — est singulièrement difficile à interpréter. On ne saurait songer à en faire le résultat d'une intoxication saturnine — *et encore avec quelles réserves !* — que dans le cas où l'accident survient chez un individu actuellement porteur d'un accident très significatif par lui-même, tel que la paralysie des avant bras.

Ces paralysies rapidement généralysées qui constituent une *incapacité absolue de travail*, guérissent en règle, dit-on : il nous serait difficile de donner une idée du temps qu'elles peuvent durer.

Encéphalopathie saturnine.

Les auteurs ont décrit sous ce nom des phénomènes cérébraux ***délirants, convulsifs*** ou ***comateux*** qui surviennent, dans la grande majorité des cas, chez des ouvriers depuis longtemps — dix et vingt ans — en imprégnation plombique. L'apparition peut être plus précoce. Manouvrier parle de cas dans la première année, parfois dès le quatrième mois même chez les ouvriers en céruse et en minium, c'est-à-dire chez ceux dont l'organisme subit le plus rapidement et le plus fortement l'imprégnation par le plomb.

La *coïncidence avec un autre accident aigu*, une récidive de colique, par exemple, a été notée le plus souvent; la complication cérébrale accompagne alors ou vient terminer l'accès de colique. Mais parfois les accidents cérébraux surviennent *isolément*, et évoluent seuls, sans accompagnement d'aucun autre phénomène saturnin. « C'est ainsi que nous avons vu deux cérusiers, sortant à peine de prendre leur repas, être comme foudroyés au milieu de leur travail et présenter l'un, des accès d'épilepsie, l'autre, un état comateux », dit Grisolle.

Les phénomènes se présentent, avons-nous dit, sous trois formes principales : délirante, convulsive, comateuse.

Le *délire* est ou calme ou furieux; il guérit, ou fait place aux convulsions ou au coma.

Les *convulsions*, tout à fait analogues à celles de l'épilepsie (*épilepsie saturnine*), sont l'expression la plus commune de l'encéphalopatie saturnine. Elles peuvent être légères et passagères, ou fort graves. Dans ce cas, elles se succèdent de façon à constituer *un état de mal*, et aboutissent au coma, et par lui, à la mort.

Le *coma* termine donc souvent une des autres formes, mais parfois, il occupe toute la scène. Le malade tombe d'emblée en apoplexie, il peut succomber dans cet état. Ailleurs, le coma se dissipe et on assiste quelquefois alors au développement d'une *paralysie occupant une des moitiés du corps et y abolissant le mouvement et le sentiment*, mais d'une façon passagère seulement. Cette forme apoplectique est connue depuis longtemps comme curable.

Telle est la description clinique de l'encéphalopathie saturnine telle que l'ont établie les anciens auteurs, encéphalopathie qui pour eux traduisait une lésion anatomique : *l'imprégnation de la substance nerveuse du cerveau par le plomb.*

Les travaux modernes ont modifié la conception ancienne et ces travaux nous intéressent parce qu'ils nous fournissent un élément d'appréciation sur l'avenir de quelques-uns des phénomènes du groupe de l'ancienne encéphalopathie saturnine.

Depuis les travaux de Charcot et de ses élèves, depuis l'étude de MM. Debove et Achard sur l'*apoplexie hystérique*, on s'accorde à reconnaître que du bloc de l'encéphalopathie saturnine il faut distraire certains faits à phisionomie parfaitement caractérisée : ce sont les cas visés ci-dessus où le saturnin tombe subitement dans le coma apoplectique, et, au réveil de cet état apoplectique, se trouve paralysé d'un côté du corps avec perte de ce côté, non seulement du *mouvement*, mais encore de la *sensibilité générale* et de la sensibilité *spéciale* — celle des *sens* — se trouve en un mot en état d'*hémiplégie motrice* et *sensitivo-sensorielle* pour employer des termes médicaux accessibles à tous.

Ce tableau si net ne relève que de l'*hystérie;* il fait partie du groupe de l'*hystérie saturnine* que nous étudierons ci-dessous, et le résultat c'est que pareil état doit être considéré comme *curable spontanément* ou *artificiellement*. Voilà donc dans le bloc ancien de l'encéphalopathie saturnine un premier démembrement fort appréciable en pratique. Il nous donne des cas à diagnostic facile et sur lesquels un *pronostic favorable* peut être porté sans crainte.

Restent les formes caractérisées par le délire, les convulsions et le coma non hystérique, c'est-à-dire les formes *graves* souvent *mortelles* de l'encéphalopathie.

Si nous avions à nous préoccuper du côté théorique nous montrerions combien il existe de divergences dans l'appréciation de la nature de ces symptômes, les uns les rapportant aux lésions cérébrales plombiques, les autres y voyant surtout l'expression des lésions du rein qui est, comme nous le dirons, fort lésé chez les saturnins (c'est la théorie dite *urémique* ou par *insuffisance rénale* de l'encéphalopathie saturnine).

Mais, laissant de côté cette question, voyons si on peut établir nettement le diagnostic de la nature *saturnine* de pareils accidents.

Si les accidents dits encéphalopathiques succèdent immédiatement à, ou accompagnent, un épiphénomène aigu notoirement saturnin tel que la colique, on peut *avec toute vraisemblance* déclarer que l'on est bien en présence d'une manifestation saturnine.

Mais si les accidents encéphalopathiques : délire, convulsions épileptiques, coma, surviennent, même chez un saturnin notoire, en dehors de toute autre manifestation saturnine, pourra-t-on affirmer qu'on se trouve en présence d'un accident vraiment saturnin ? Nullement.

Le délire, les convulsions épileptiques, le coma, sont, sous la même apparence, l'expression de bien des affections diverses : épilepsie, syphilis cérébrale, tumeurs diverses du cerveau, hémorragie cérébrale, ramollissement du cerveau, urémie, etc.

On peut certainement, *en clinique*, en présence d'un cas donné, avoir des *présomptions sérieuses* en faveur de tel ou tel diagnostic. Mais il ne s'agit plus, dans les cas que nous devons envisager et qui comportent une sanction pratique, d'intérêt capital à la fois pour l'ouvrier ou sa famille et le patron, de formuler de simples hypothèses : il faut donner une *certitude*. C'est là à notre avis une *impossibilité*. On invoquerait en vain la profession du malade, la présence même d'un liséré saturnin. Un saturnin peut être épileptique, il peut être syphilitique, avoir une tumeur cérébrale, une des affections qui causent l'hémorragie cérébrale ou le ramollissement du cerveau, etc. Plaçons-nous même dans l'hypothèse la plus favorable ; un saturnin notoire est pris de convulsions et présente en même temps de l'albumine. Tout se réunit pour permettre le diagnostic d'urémie. Mais bien des lésions rénales conduisent à l'urémie et, par conséquent, dans ce cas même (le plus favorable de tous), aucun clinicien n'est autorisé à formuler *sans réserve* l'affirmation qu'il se trouve en présence d'une urémie exclusivement d'origine saturnine.

Cette affirmation ne serait possible qu'au médecin ayant depuis longtemps suivi la marche de la lésion rénale chez le sujet, l'ayant vue naître sous l'influence du plomb.

Les contestations relatives à l'origine saturnine des accidents encéphalopathiques, quand ils naîtront en dehors d'une coïncidence pathologique saturnine qui leur imprimera leur cachet réel, seront donc toujours possibles. Elles seront surtout vives si l'accès encéphalopathique est, dans ces circonstances, suivi de mort. L'autopsie serait, en ce cas, la seule solution du conflit.

Hystérie saturnine.

Depuis les travaux de Charcot et de ses élèves on sait que les saturnins présentent des phénomènes cliniques singuliers de tous points semblables à ceux qu'on rencontre chez les hystériques. Pour Charcot et ses élèves il y a plus qu'analogie ; il y a identité : l'intoxication saturnine *développe la nécrose hystérique*. Pour d'autres auteurs l'hystérie saturnine devrait former un groupe spécial — groupe où l'on trouve d'ailleurs toute une classe d'autres *hystéries toxiques* : l'hystérie mercurielle, l'hystérie alcoolique, l'hystérie sulfo-carbonée, etc.

Quoi qu'il en soit de ces discussions théoriques une chose est certaine : c'est-à-dire les phénomènes observés, sur lesquels il n'y a plus de discussions aujourd'hui.

Ces phénomènes sont surtout :

a) Des phénomènes d'*anesthésie* ordinairement étendue à une *moitié du corps* dans laquelle se trouvent aboli la sensibilité de la peau au toucher, à la douleur, à la température, la sensibilité des muqueuses, le goût, l'odorat ; dans laquelle encore la vue est singulièrement modifiée, etc.

Cette anesthésie ne gêne guère le malade qui l'ignore le plus souvent complètement ; elle ne saurait constituer une incapacité de travail.

b) De *paralysies motrices* qui affectent un côté du corps, se superposant à l'hémiplégie sensitivo-sensorielle qui devient aussi *totale* : motrice et sensitive-sensorielle.

Rien de plus aisé que le diagnostic de cette hémiplégie motrice que caractérise suffisamment son association avec les troubles de la sensibilité. Sa présence chez un saturnin avéré dicte le diagnostic complet : hémiplégie hystérique d'origine saturnine.

Pareil phénomène constitue de toute évidence une *incapacité de travail* absolue, mais toujours *temporaire*, car les phénomènes d'hystérie toxique sont toujours curables.

Tantôt l'hémiplégie motrice s'installe doucement, sans bruit. Tantôt elle est précédée d'une attaque soudaine d'*apoplexie*. Nous avons étudié ce phénomène plus haut.

L'hystérie saturnine compte peut-être encore à son effectif quelques phénomènes de délire, et de convulsions à déduire encore du bloc ancien de l'encéphalopathie, mais il n'y a aucun intérêt à insister ici sur des faits encore mal connus.

Quelques auteurs lui attribuent, en partie au moins, le *tremblement*.

Tremblement saturnin.

Rien de moins connu que ce phénomène, qui apparait chez les vieux saturnins, est ordinairement localisé aux membres supérieurs, mais peut se généraliser.

Nous n'avons trouvé aucun document bien net sur ce symptôme dont la nature est trop discutée encore. Quelques auteurs l'assimilent aux tremblements observés dans l'intoxication mercurielle et en font un phénomène vraiment toxique; d'autres y voient un phénomène hystérique; d'autres enfin font remarquer que plus d'un saturnin est un alcoolique avéré et que le tremblement saturnin n'est peut-être souvent qu'un vulgaire tremblement alcoolique. Il n'y a véritablement aucune déduction pratique à tirer dans ces conditions.

Accidents chroniques. — La cachexie saturnine.

Les épisodes aigus ou subaigus du saturnisme naissent, nous l'avons vu, pendant le temps de l'exposition professionnelle ; il n'y a d'exception que pour quelques cas où l'épisode aigu ou subaigu est rappelé après la cessation du travail par un excès alcoolique, etc.

Ces accidents ont, pour la plupart, une physionomie spéciale; il sont, à répétition, séparés par les intervalles de tranquillité.

Ils peuvent apparaître à toute période de l'intoxication, du début à la fin.

Les accidents chroniques que nous allons étudier traduisent, eux, une imprégnation profonde de l'organisme par le plomb ; ils n'apparaissent donc qu'après *une longue exposition professionnelle*, dont la durée variable avec le sujet et le métier ne saurait être fixée exactement. Peu importe alors que l'ouvrier soit soustrait ou non dans la suite au poison : la lésion a été créée, elle évoluera fatalement, que l'ouvrier continue son travail ou non. Les accidents chroniques s'observent donc chez les vieux saturnins encore en activité ou chez les saturnins en retraite professionnelle.

Ces accidents traduisant une lésion organique chronique du sang, du rein, de l'appareil circulatoire, etc., ne sauraient avoir de physionomie spéciale.

On sait, en effet, que les causes des lésions qui atteignent nos organes sont multiples, mais les lésions auxquelles elles aboutissent sont limitées, et les symptômes qui traduisent les lésions créées n'expriment que la lésion, en dehors de toute condition étiologique. Que le rein soit atrophié par le plomb ou par toute autre cause, la lésion aura le même aspect et les symptômes seront les mêmes. Que les artères soient indurées par le plomb ou par toute autre cause, la lésion sera la même et les symptômes identiques, etc....

Le diagnostic de la nature saturnine des symptômes observés ne pourra donc reposer que sur l'étude du malade, de ses antécédents professionnels pathologiques, sur l'exclusion des autres affections qui pourraient avoir créé la même lésion organique chez lui et, partant, les mêmes symptômes. Ce diagnostic est d'ailleurs assez souvent possible à établir (1).

L'ensemble des accidents chroniques peut recevoir le nom de cachexie saturnine et est constitué par *l'anémie saturnine, la néphrite saturnine, la goutte saturnine, l'artério-sclérose.*

Nous dirons en terminant comment ces symptômes s'associent : nous allons d'abord les étudier un à un.

Anémie saturnine.

L'*anémie* saturnine résulte de l'atteinte portée au sang par l'intoxication plombique. Elle se montre dès le début de l'exposition au plomb et s'accentue avec la durée de cette exposition; elle devient chez les vieux saturnins une anémie profonde, rebelle qui ne cède pas à la cessation du travail, et constitue pour le sujet un extrême affaiblissement, une incapacité de travail *permanente et absolue.* Elle se marque par la pâleur de la peau, qui prend même une teinte ictérique, une déperdition profonde des forces, une perte d'appétit et une déglobulisation du sang, etc.

L'anémie saturnine n'a aucun caractère qui la distingue symptomatiquement des autres anémies.

Elle n'est pas cependant par trop difficile à rapporter à son origine dans un assez grand nombre de cas : la notion de la profession du sujet, la connaissance de ses antécédents pathologiques, des accidents saturnins qu'il a subis, de son exposition prolongée au plomb apportent autant de notions précieuses.

Quand l'anémie saturnine s'accompagne de quelque autre symptôme d'intoxication chronique, ce qui est naturellement le plus fréquent, sa caractérisation souffre moins de difficultés.

Néphrite saturnine.

De nombreux travaux ont établi la réalité de la néphrite saturnine, et les conditions de sa production ont pu être reproduites d'une façon très satisfaisante, dans des expériences bien connues sur les animaux, dues à Charcot et Gombault.

De toutes les causes d'atrophie scléreuse du rein, l'empoisonnement saturnin chronique est certainement l'une des plus puissantes, et d'autre part cette atrophie est fréquente dans l'intoxication saturnine, puisque sur 42 saturnins Dickinson en vit mourir 26 de néphrite chronique.

La néphrite saturnine n'a pas de *signes* qui lui soient spéciaux : elle présente ceux de toute atrophie rénale quelle qu'en soit la cause. Or, en dehors du saturnisme, la goutte, la scarlatine, peut-être l'alcoolisme, et des facteurs encore ignorés, peuvent exercer la même influence sur le rein.

Ces signes d'atrophie rénale sont d'ailleurs très significatifs : urines abondantes, hypertrophie du cœur, albuminurie légère, etc., mort après une longue évolution soit par des phénomènes d'urémie, soit par le cœur (asystolie), soit par un phénomène intercurrent tel qu'hémorragie méningée ou cérébrale, etc.

A l'autopsie, si elle vient à être pratiquée, les lésions du rein sont saisissantes; elles sont d'ailleurs identiques pour toute atrophie rénale, quelle qu'en soit la cause, et n'empruntent rien de spécial à ce fait qu'elles ont été provoquées par le plomb.

Il s'agit donc ici d'un accident chronique, fréquent, de toute gravité puisqu'il constitue une infirmité totale qui va s'aggravant chaque jour jusqu'à la terminaison, et dont l'évolution en outre peut durer des années, en comptant seulement du jour où elle a été assez évidente pour être remarquée.

---

(1) Le liséré gingival de Burton qui est d'un si grand secours pour établir la nature saturnine d'un accident aigu, faisant éclosion pendant la durée de l'exposition professionnelle au plomb, ne sera que d'un faible secours ici. Les saturnins chez lesquels évoluent les accidents chroniques sont le plus souvent, en effet, en retraite professionnelle, du fait même de l'incapacité de travail que détermine chez eux leur infirmité.

Le *diagnostic* de néphrite chronique atrophique n'est pas en réalité très difficile : le tableau clinique est assez significatif.

Peut-on aller plus loin et, *la néphrite chronique étant dûment constatée, mettre en cause l'intoxication plombique?* On le peut sans doute dans un certain nombre de cas, en se basant sur une notion positive d'une part, celle d'accidents saturnins antérieurs, et d'une longue imprégnation professionnelle par le plomb, et sur une notion négative d'autre part : l'absence d'autres causes *connues* de néphrite chronique atrophique ; et aussi enfin sur l'association possible de la néphrite avec les autres symptômes de l'intoxication chronique.

Cet énoncé suffit à montrer la *délicatesse* du diagnostic *causal* qui n'est pas impossible assurément, mais demande un examen approfondi, et une discussion serrée si l'on veut aboutir en toute conscience à une *affirmation* ou une *négation* qui ont l'une et l'autre tant d'importance pour les parties intéressées : le *malade* et le *responsable.*

Goutte saturnine.

Un auteur anglais, Garrod, annonça en 1854 que sur 51 cas de goutte observés par lui à l'hôpital, 16 reconnaissaient pour origine l'intoxication saturnine.

La goutte saturnine fut vivement contestée : elle ne l'est plus guère aujourd'hui, et à dire vrai les seuls cas de goutte qu'on observe dans la population ouvrière sont des cas de goutte saturnine.

La goutte saturnine, dont il est difficile de fixer exactement la date d'apparition dans l'évolution du saturnisme chronique, évolue comme la goutte vulgaire ; elle constitue donc d'abord une série d'épisodes aigus qui entraînent autant de périodes d'*incapacité temporaire et absolue* de travail, et aboutit ensuite et rapidement, semble-t-il, aux déformations articulaires multiples et à *l'incapacité absolue permanente.*

Il nous paraît qu'il n'y a plus guère d'hésitation aujourd'hui chez les auteurs à admettre la nature saturnine de la goutte quand on la voit éclater chez un individu de la classe ouvrière qui est ordinairement si bien à l'abri de la goutte vulgaire, et cet individu est un saturnin avéré.

La goutte ajoute son influence à celle du plomb sur le rein. Ceci est à mentionner.

Artério-sclérose.

La *dégénérescence des artères,* leur *induration chronique* sont un effet fréquent de l'empoisonnement saturnin ancien. Une fois créée la dégénérescence artérielle évolue graduellement, chroniquement avec ses effets désastreux sur le cœur, les reins, le cerveau, etc..., sur l'ensemble de l'économie en un mot qu'elle frappe de *déchéance profonde.* Elle met le sujet en *incapacité de travail absolue et permanente* quand elle atteint un certain degré, et constitue au point de vue de l'existence une grave menace.

La dégénérescence artérielle d'origine saturnine ne présente cliniquement *aucun trait qui la distingue* de celle qu'amènent diverses autres causes : les grandes infections, la goutte, la vieillesse, etc... Elle ne prend de signification réelle que par l'existence d'un empoisonnement saturnin bien caractérisé dans les antécédents du sujet, et la coexistence d'autres symptômes actuels d'empoisonnement chronique. Elle est sur le même rang à cet égard que les autres accidents chroniques. Le diagnostic de sa nature est donc extrêmement *délicat* sans constituer toutefois, de même que celui de l'anémie, de la néphrite ou de la goutte saturnines, une impossibilité absolue pour un médecin attentif et instruit.

Les divers éléments qui constituent la cachexie saturnine, c'est-à-dire les stigmates de l'empoisonnement chronique confirmé, sont quelquefois tous présents chez un même sujet, et tous les médecins ont observés de vieux saturnins profondément anémiques, atteints d'atrophie rénale, de goutte et d'artério-sclérose.

A l'eurs ces stigmates se dissocient : le plus fréquemment absent est la goutte, l'anémie, la néphrite et l'artério-sclérose ne manquent guère et par leur réunion constituent pour le médecin, aidé de la notion étiologique que lui fournissent la profession du malade et ses antécédents pathologiques saturnins, un ensemble de valeur diagnostique important.

Les symptômes de la cachexie saturnine absolument *isolés* seraient assurément d'une interprétation beaucoup plus délicate — nous l'avons dit à propos de chacun d'eux — mais, nous le répétons encore, nullement impossible pour un médecin instruit, et ayant à sa disposition tous les renseignements nécessaires pour éclairer son jugement.

De tout ce rapport, et c'est par là que nous terminerons, ressort l'évidente nécessité de l'établissement d'un *casier sanitaire* pour chaque sujet exposé à l'empoisonnement saturnin professionnel, il sera, pour le médecin appelé à se prononcer dans les cas difficiles de la cachexie, le guide indispensable.

Paris. — . MOTTEROZ, imprimeur de la Chambre des Députés, 7, rue Saint-Benoît.

www.ingramcontent.com/pod-product-compliance
Lightning Source LLC
LaVergne TN
LVHW020026170826
845678LV00001B/138

* 9 7 8 2 3 2 9 7 6 9 1 3 4 *